别让性格害了你

文峰 编著

吉林出版集团股份有限公司

版权所有　侵权必究

图书在版编目（CIP）数据

别让性格害了你/文峰编著. -- 长春：吉林出版集团股份有限公司, 2019.7
 ISBN 978-7-5581-6206-0

Ⅰ. ①别… Ⅱ. ①文… Ⅲ. ①性格–通俗读物 Ⅳ. ① B848.6-49

中国版本图书馆 CIP 数据核字 (2019) 第 144105 号

BIE RANG XINGGE HAI LE NI

别让性格害了你

编　　著：文　峰
出版策划：孙　昶
项目统筹：郝秋月
责任编辑：于媛媛
装帧设计：李　荣
出　　版：吉林出版集团股份有限公司
　　　　　（长春市福祉大路 5788 号，邮政编码：130118）
发　　行：吉林出版集团译文图书经营有限公司
　　　　　（http://shop34896900.taobao.com）
电　　话：总编办 0431-81629909　营销部 0431-81629880 / 81629900
印　　刷：天津海德伟业印务有限公司
开　　本：880mm×1230mm　1/32
印　　张：6
字　　数：130 千字
版　　次：2019 年 7 月第 1 版
印　　次：2019 年 7 月第 1 次印刷
书　　号：ISBN 978-7-5581-6206-0
定　　价：38.00 元

印装错误请与承印厂联系　　电话：022-82638777

前言
/PREFACE

有的人一辈子平平庸庸，糊里糊涂地走完人生之路；有的人步步登高，轰轰烈烈地演绎了人生的精彩。同样是人，为什么会有不同的命运呢？

看到他人的成功和辉煌，有的人要么抱怨自己的贫寒出身，要么靠贬低他人来达到心理上的平衡。其实，抱怨不仅对改变自我命运毫无意义，而且会令自己在毫无希望的环境中"听天由命"，平庸一生。

那么，到底是什么因素在影响命运呢？有一位名人说："在诸多的成功因素中，性格是最重要的。"成功者肯定有其成功的理由，成功必然与其优良性格分不开。如果一个人的性格存在缺陷，这些缺陷性格会成为他走向成功的绊脚石。

什么是性格？概括来说，性格就是人们在处理事情的态度和行为方式上表现出来的心理特点，如理智、沉稳、坚韧、执着、含蓄、坦率等。优良性格让人不管是在顺境还是在逆境中，都能坦然积极地面对，并且不懈努力，取得成功；不良性格会让人走弯路，受挫折，甚至在关键时刻毁掉一生。

其实，就性格本身而言，没有好坏之分。每个人都同时具有好几种性格，而且有些性格是互相矛盾而且共存的。每一种性格都有其一定的优缺点。我们若想取得成功，就应该从克服性格中的缺陷开始。

本书从多方面、多角度阐释了性格对人生的重要影响，从而帮助你深度认识性格的作用，更大限度地发挥自己的能力，有利于高效开展工作和事业，经营自己的生活、婚姻和家庭，改变自己的命运，进而创造更美好的人生。

成也性格、败也性格，我们必须重新审视自身的性格，正视自己性格中的缺陷部分，想办法弥补，不能让性格害了自己。

希望本书能成为你的良师益友，挖掘你性格中的优势，改造你性格中的缺陷，让你的人生之路走得更加顺畅，实现梦想，取得成功。

目录 CONTENTS

第一章 DI YI ZHANG
性格影响命运，也可以改变命运

优秀的根性是人生巨大的财富　2
命运掌握在自己手中　5
改变命运需要付出艰辛的努力　8
让性格改变你的人生　10

第二章 DI ER ZHANG
读懂性格，才能拥有更好的人生

躲开性格心理的暗礁　16
为什么有的人找不到自己的性格类型　18
正视性格中的时间观念误区　21
优点与缺点仅一线之隔　23
理智是导向成功的指南针　26

热忱是点燃生命力的火焰 30
独立的性格撑起人生的天空 34
稳重是一种成熟的象征 38

第三章　DI SAN ZHANG
别让你的性格害了你

别让狭隘禁锢你的心灵 42
远离让你永远也站不起来的自卑 45
悲观是人生最黑暗的深渊 50
别让自负提前注定了你的失败 53
多疑是躲在人性背后的阴影 57
依赖只能把你变为别人的附属 60
贪婪是你永远无法填满的无底洞 63
自私的人没有朋友的同时也丢失了自己 66
走出自闭的牢笼，寻求真正的自由 69
暴躁的性格是发生不幸的导火索 72

第四章　DI SI ZHANG
想要改变命运，就从完善性格开始

性格的发展状态不是一成不变的 78
性格难改，但并非不能改 81

性格形成的关键——心理缓冲带 85
改变性格的要素 87
性格会怎样变化 90
如何优化自己的性格 96
改变自己从哪里开始 99
学会悦纳真实的自己 103

第五章 DI WU ZHANG
做一个优秀的人，让好性格助你成功

自信是开启人生成功之门的金钥匙 110
乐观的性格让你笑对人生风云 113
宽容的性格是滋补心灵的鸡汤 116
谦逊的空杯才能盛更多的水 122
诚信为成功打造金字招牌 125
勇敢为成功铺就康庄大道 129
自制是人生走向成功的保险单 133

第六章 DI LIU ZHANG
性格拉动健康，身心健康才是真正的健康

性格与健康密切相关 140
心理影响生理 142

沮丧会影响你的心脏 144
失眠的困扰 146
学会做自己的心理医生 148
走出心理牢笼 150
身心健康的"营养素" 153

第七章 DI QI ZHANG
拥有良好性格，做最好的自己

切莫清高孤傲 156
拥有几个志同道合的挚友 158
学会赞美他人 159
吃亏是福 164
与人交往，迁就一下又何妨 166
难得糊涂 170
站在对方的立场上思考问题 172
不要推卸责任 174
遇事往好的方面看 176
拥有一技之长 178
语言的使用方法 179
具有当事人意识 180
不和别人做比较 181

第一章
DI YI ZHANG

性格影响命运,也可以改变命运

优秀的根性是人生巨大的财富

在日常生活中,我们总是将注意力集中到性格特征上,却不知根性才是最有意义的性格概念。简单地讲,根性就是我们的基本性格,如果把性格比作一棵大树,那么根性就是性格这棵大树的根。当处在小小的种子状态时,我们也许看不出它有什么特殊的地方,然而当小小的种子变成了参天大树时,我们就会看到根性的力量。优秀的根性会使我们成为栋梁之材,而优秀根性的缺失则会将我们带向下坡路。总而言之,拥有优秀的根性就拥有了人生的巨大财富。

有人总结了人生应该具备的七大优秀的根性,分别是:沉稳、细心、胆识、积极、大度、诚信和担当。对号入座一下就会发现,我们大部分人都并不完全具备这些优秀根性。很多时候,我们的人生不成功并不是能力的欠缺,而是优秀根性的缺乏。

这个结论似乎并不需要特别典型的案例,因为客观地说,我们周围的很多人都因为优秀根性的缺乏而在工作或生活中存在各种各样的遗憾。不过,为了更形象地了解根性的影响,我们来重新认识一下中国明朝最后一任皇帝——崇祯帝。

崇祯帝并不是一个昏君,从即位的第一天起,他就开始了兢兢业业的忙碌，希望可以使从兄长手中接过来的残破江山重新变得繁荣兴盛。为此，他在即位之初就铲除了以魏忠贤为首的宦官集团，重用天启朝被罢黜的文官，派大将袁崇焕攻打辽东的割据势力，使明朝一度出现中兴的局面。但是，这种局面很快就被崇祯帝不够沉稳的性格所破坏。

为了防止士大夫朋党现象的出现，崇祯帝重新起用了宦官。这不是他最大的失误，他最大的失误在于冤杀袁崇焕，自毁长城。在当时，明朝的江山已经处在危机四伏的情况下，全仗南方的洪承畴和北方的袁崇焕守住要塞。而面对皇太极放出的袁崇焕想要称帝的假消息，崇祯帝的多疑性格使他失去了准确的判断力。他中了皇太极的反间计，相信了清军散布的谣言，将前方作战的袁崇焕召回，凌迟处死。袁崇焕死后，明朝的北方要塞失去了屏障。十年之后，清军入关，明朝灭亡。

不难看出，崇祯帝即位初期的一系列政策，使明朝出现了中兴的局面，但是他的性格中缺乏沉稳这个优秀的根性，这导致他功败垂成，生性多疑使得他的决策不具备持续性。这样，他的统治就时时处在风雨飘摇之中，最终自己成了亡国之君。

拥有优秀根性的人就很少犯崇祯帝这样的错误，虽然他们也并非完人，也有自己的缺点，但是他们善于将自己的才能优势与优秀的根性结合起来，尽量弥补自己性格中的不足。这样，他们就会比只重能力不重优秀根性培养的人更容易走向成功。中国历史上的另一位皇帝——康熙帝，就凭借自己的"忍"字功缔造了一朝盛世。

康熙帝8岁登基，由父亲顺治帝指派的四位大臣辅政。可是这四位大臣让年幼的康熙帝伤透了脑筋。年纪最大的索尼总是以年老多病为由不上朝，要得到他的帮助根本不可能。苏克萨哈虽然忠勇无比，但是不久就被跋扈的鳌拜杀害。为此，康熙帝还与鳌拜发生了争执，并因此受到鳌拜的威胁。遏必隆是有名的滑头，谁也不得罪。逐渐地，鳌拜将四大辅臣的权势集于一身，更不把年幼的康熙看在眼里，时常把自己的意志强加给康熙。这时，康熙并没有急于扳倒鳌拜，因为他明白时机未到，不想成为第二个苏克萨哈。几年之后，14岁的康熙训练了一群武艺了得的布库，他利用鳌拜进宫请安的机会，巧妙设计，终于除掉了鳌拜。

从8岁到14岁，康熙作为一位少年帝王，经过6年的等待，终于迎来了自己亲政的一天。

正是康熙性格中的"忍"帮助他度过了6年的安然岁月，为扳倒鳌拜赢得了宝贵的筹备时间。如果康熙像崇祯一样多疑，那么他就会惶惶不可终日，无法忍受鳌拜的暴虐，也不会拥有自己的心腹，甚至很可能失去皇位。

优秀的根性在一个人的人生旅途中发挥着极为重要的作用，只要注意培养自己优秀的根性，改善自己性格中的不足，我们很快就会发现自己获得了人生中巨大的财富。那些优秀的根性会成为我们走向成功的重要保证，只要拥有这些重要的根性，我们就可以建立起坚定的信心，不再为自己该如何处世而犹豫彷徨。

命运掌握在自己手中

深受美国人民尊敬的总统林肯，他的前半生可以用命运多舛来总结。自8岁起，由于家庭原因，他必须要自谋生计；在21岁时，做生意失败；而随之在第二年，角逐州议员失败；而在24岁时，又一次做生意失败并欠下一大笔债，一直用了17年才还清；正值26岁风华正茂时，却逢伴侣去世，曾经一度精神崩溃，卧床半年；在接下来角逐联邦众议员落选、参加国会大选失败、连任众议员失败、自荐州土地局长被拒绝、角逐联邦参议员落选、提名副总统落选，等等，一系列的厄运落在他的头上。任何一个人都会有这样的感觉：这真是一个倒霉的人，他的一生或许会就此沉沦了吧！但是，在51岁时，林肯当选为美国第16任总统，后半生竟发生了戏剧性的变化。在接下来的岁月里，他连任成功，在南北战争中获胜，废除了深受国人诟病的奴隶制，从而取得了巨大的成就，在美国民众心中确立了崇高的地位。

他的一生，命运变化巨大，前半生可谓艰难坎坷，把能够遇到的噩运几乎都经历了一遍，但是，在生命的最后几年，他却大放异彩。这是为什么呢？因为他——这个坚强的人牢牢把握住了自己的命运，他坚信"预测未来最好的方法就是创造未来"。只有将命运掌握在自己手中，才能最终走向成功。

然而很多时候，我们总是期待着天上掉馅饼的事发生，或是有某个宽厚的肩膀的支撑。很多人都没有意识到，生命线就静静地躺在自己的手心里，只要自己紧紧地握住，人生就尽在掌握之中。无论人生的道路有多少种精彩，只有自己可以为自己做出一切选择和决定。离开他人温暖的怀抱开始自己的行程，大千世界之中总有适合你的地方，在那里，你可以充分发挥才能。你百分之百的付出，最终会获得他人百分之百的回应。不要怀疑，你想要的人生，就掌握在你的手中，就看你如何去经营。

出生在战乱年代还是和平年代无法选择，出生在美国还是中国无法选择，出生在大的城市还是偏远的农村无法选择，出生在富裕的家庭还是贫穷的家庭无法选择，但是，每个人都是一座金矿，都有着无比巨大的潜能，而这座金矿的开发者就是自己。只有不断挖掘，我们才能逐渐走向成功。明白了这个道理之后，我们就不会再为自身条件不够优秀而牢骚满腹，就不会被自卑蒙蔽了心灵，因为怯于行动而坐以待毙。只要下定决心、敢于拼搏、勇于行动，成功就将被我们收入囊中。为此，要注意做到以下三点：

首先，要有成功的胆量。

曾经有一位哲人说过："伟大的成功秘诀，首先就在于去掉自以为被封在有限能力的躯体内的可怜想法。"通常情况下，我们总是妄自菲薄，认为自己的才能远远不能适应自己所要完成的工作。其实，自认低能的人，不管真实素质到底如何，都会在长期的自我否定中变成真正的"低能儿"，最后一事无成。要想将命运掌握在自己手中,就要敢于去想,拥有敢想敢做的态度才能跨越成功的界限。

其次,要克服性格上的障碍。

每个人都是上帝咬过一口的苹果,人们在自我开发的过程中都会遇到一些气质上的障碍,即性格障碍,这普遍地存在于人群之中。比如多血质的人容易在事情面前表现得毅力不足;抑郁质的人喜欢一个人独处,不喜欢与别人交往;胆汁质的人在办事时常常有武断的表现。这些性格上的障碍会对人们的心理形成一定的冲击,并可能成为人们的心理障碍,这也是一些有高智商的人没有取得成就的终极原因。只有不断地向自己挑战,下决心克服自己性格上的障碍,才能最终取得成功,将命运掌握在自己手中。

最后,要培养自己做事专心的习惯。

千里之行,始于足下。生活是由一个个小细节构成的,因此要把命运掌握在自己手中,就要从细节做起,培养自己做事专心的习惯,并使它成为自己性格中的重要组成部分。只有如此,我们才能最大限度地发挥自己的力量,成为在某一个领域独领风骚的人。

人生旅途并非总是一帆风顺,随时都有可能迎来暴风雨,但我们要时刻牢记命运是掌握在自己手中的。只要不断地努力,我们不仅可以改造我们的性格,更能改变我们的命运。

改变命运需要付出艰辛的努力

最初被开采出来的天然铁矿石并没有什么大的用途,但是当它经过运输、提纯、锤炼、高温锻冶,最后进入到磨具这一系列复杂的过程后,它已经脱胎换骨成了优良的器具。我们的一生就像这个过程,而我们的性格就像被刚刚开采出来的铁矿石,只要在这过程中不断地锤炼我们的性格,剔除其中的杂质,最后它终会成为我们身上最有力的特质,从而改变我们的命运。

那么怎样做才能掌控命运呢?这个问题一直萦绕在人们心头,渴望得到答案的人们在生活中不断尝试。其实,命运需要主动,性格需要打磨,要改变命运就要付出艰辛的努力。

每一个人在现实生活中都不可能是一帆风顺的,想实现自己的追求,就要在自己的心中牢牢记住"努力"这个可以改变自己一生的词。

要知道,只要选对了方向,而且努力去拼搏,那么在这个世界上就没有比脚更高的山,没有比脚更长的路。

当然,在这个过程中要付出艰辛的努力,希腊著名的雄辩家德摩斯梯尼的成长就是这一观点最好的说明。

从生理条件上来说,德摩斯梯尼并不适合成为雄辩家。他天生就是一个声音微弱、吐字不清而又气喘的人,尤其是"R"这个字母他怎么也说不清楚。

可是，这些不利的生理条件并没有成为他改变自己命运的阻碍，反而成了激励他向上的动力。为了克服这些缺陷，他每天把石子含在嘴里练习。他站在海滨，朝着大海大吼；他边爬山边背诵，练习一口气念几行字；他站在镜子面前演讲，以矫正自己的姿势。

尽管如此，在他第一次尝试当众演讲时，他的语句仍全混乱了，听众们放声大笑。

但他并没有放弃，为了培养自己的演讲才能，他特意建了一个地洞，每天在里面练习声音和演说的姿势，每次练习总是持续两三个月。

他还将自己的头发剃去了半边，以此来抗拒自己想上街的念头。

他的坚持终于取得了成功，德摩斯梯尼最后成为自古以来最伟大的演说家之一。

德摩斯梯尼成功了，虽然他先天有着众多的不利条件，但是，这些不利条件并没有打倒他。他通过含石子讲话、朝大海大声吼叫等方式磨炼了自己，冲出了不利条件的包围圈，成功地改变了自己的命运。试想，如果只是一味地沉浸在不利条件造成的忧伤里不能自拔，他就不会取得如此成就。

我们必须认识到，没有谁能轻轻松松成功！成功需要付出忍耐，付出艰辛，历史上有所成就的人，无不经历过这样那样的艰苦磨炼和锻造。我们虽然不可能都成为光耀历史的人物，但是要摆脱眼前的窘境，不付出艰辛的努力、不改变自己的性格是很难成功的。

可是，现实生活中的我们往往无法跨过一道门槛，那就是性格是天生的。即便性格决定命运的观念已经深入人心，但是性格中安于现状的天性总是让我们在奋斗开始的前夜望而却步，常常止步在黎明前的黑暗中。诚然，改变自己性格中喜好安全感的天性并不是一件易事，你可能会顾虑重重，不停地计算成功的可能性。但是如果不努力去尝试一下就放弃，那么岂不是连一分成功的可能性都没有了，你很可能失去了一次直面成功的机会。

一分耕耘，才能有一分收获，想要收获，就要先去耕耘播种。我们只有脚踏实地地付出努力，才能改变命运。每个人都是自己命运的主人，每个人的命运都掌握在自己手中。所以，与其随波逐流，在自怨自艾中度过一生，不如尝试改变自己的性格，勇敢地走出盲目追求安全感的死胡同，通过艰辛的努力紧紧扼住自己命运的喉咙。这样，我们就可以找到自己人生的支点，攀上成功的顶峰。

让性格改变你的人生

常言道："江山难改，禀性难移。"诚然，人的脾气禀性改起来的确很难，但也不是完全没有可能性。一个人的性格塑造不是只靠先天因素影响，还有后天环境因素在起着举足轻重的作用。不要以为自己的脾气就是这样，假如你想要改变自己的环境，拥抱自己的辉煌梦想，就必须要收拾下自己的不良性格。

一天，一个牧师正在准备讲道的稿子，他的小儿子却在一边吵闹不休。牧师无奈，便随手拾起一本旧杂志，把夹在里面的一幅世界地图，扯成碎片丢在地上，然后说道："小约翰，如果你能拼好这张地图，我就奖励你。"

牧师以为这样会使小约翰花费上午的大部分时间，不会再来影响他的工作。但是没过 10 分钟，儿子就来敲他的房门。牧师看到小约翰手里拿着拼好的地图，感到十分惊奇："孩子，你是怎么拼好的？"

小约翰说："这很容易，在另一面有一个人的照片，我就把这个人的照片拼到一起，然后把它翻过来。我想如果这个人是正确的，那么，这个世界也就是正确的。"牧师奖给儿子 2 角 5 分钱，并且告诉他："你替我准备了明天讲道的题目：如果一个人是正确的，他的世界也就会是正确的。"

这个故事虽小，却道出了人生的一个真谛。所谓一个人的正确，除了正确的人生观和世界观，还包括人的良好性格。如果你的性格是健康的，你的人生也会是快乐的、幸福的；如果你的性格是病态的，那么你的人生也会是痛苦的、忧伤的。

西方一位哲学家曾经用这样一句话表明性格的重要性："一个人性格的好与坏在很大程度上对其事业成功与否、家庭生活幸福与否、人际关系良好与否起了决定性的作用。"对于现代人来讲，健全的性格是事业成功的基础、家庭幸福的根基、人际关系良好的基石，是成功路上的通行证。

从另一方面看，人生的悲剧归根到底是性格的悲剧。俄国作家果戈理的长篇小说《死魂灵》里有个泼留希金，他的家财堆积得腐烂发霉，可是贪婪、吝啬的性格促使他每天上街拾破烂，过乞丐般的生活。在现实生活里，性格的悲剧更是屡见不鲜。青年诗人顾城制造的惨绝人寰的悲剧，就是一个典型的例子。他杀妻灭子后自戕其身，就是因性格孤僻，心胸狭窄，而最后发展到畸变、扭曲、精神崩溃。而且性格与人的健康关系十分密切。《红楼梦》里才貌双全的林黛玉，就是因其性格多愁善感，忧郁猜疑，终于积郁成疾，呕血而死。《三国演义》里的周瑜是东吴的大都督，人们说他是活活被诸葛亮给气死的。话说回来，如果身经百战的周瑜具有良好的性格，诸葛亮就是有天大的本事也气不死他。

　　不良的性格催生了一幕幕的人间悲剧，反观那些性格良好的人则都能拥抱自己的灿烂人生。当代杰出的女作家冰心，一生淡泊名利，生活上崇尚简朴，不奢求过高的物质享受。文坛上的斗争，与她无关，她在平和的环境中与人相处，在微笑中勤奋写作。她的健康长寿、事业辉煌都得益于开朗、豁达的性格。

　　每个人都渴望成功，那么就要改善并健全自己的性格，成为自己命运的主人。而改善、健全自己性格的前提就是认识自己的性格，找出自己性格中存在的缺陷，然后对症下药，使它不再成为自己成功途中的绊脚石。

　　欧玛尔是英国历史上著名的剑术高手。当时，有一个人与他实力相当，两个人互相挑战了50年却一直胜负难分。有一次，在决斗的时候，欧玛尔的对手不小心从马上摔了下来。这是一个很好的机会，此刻只要一剑刺去，欧玛尔就能赢得这场比赛。而眼见自己要输，欧玛尔的对手顿时被愤怒冲昏了头脑，情急之下便朝欧玛尔的脸上吐了一口口水。这不但是为了表达自己的怒气，也是为了羞辱欧玛尔。没想到欧玛尔在脸上被吐了口水之后，并没有刺下致命的一剑，反而停下来对他的对手说："你起来，我们明天再继续这场决斗。"对手面对欧玛尔这个突如其来的举动，感到相当诧异，一时间不知所措。

见对手一直发愣，欧玛尔就向这位缠斗了50年的对手解释道："这50年来，我一直训练自己，让自己不带一丝一毫的怒气作战，因此，我才能在决斗中时刻保持冷静，并且保持不败的战绩。我并不否认，刚才你朝我吐口水的那一瞬间我非常生气，可我明白要是在这个时候杀死你，我一点都不会有获得胜利的喜悦。所以，我们的决斗明天再开始。"

可是，这场决斗再也没有开始。因为，欧玛尔的对手从此以后变成了他的学生，他也想学会如何不带着怒气作战。

试想，如果欧玛尔当初因为对手的一口口水而结束了对方的性命，那么他肯定无法成为英国历史上最为著名的剑术高手，他的剑术发挥也会因为他易怒的性格而大打折扣。幸运的是，欧玛尔在改造自己易怒的性格上做出了很大的努力，而且这努力不仅让他赢得了胜利和荣誉，也使得与他缠斗50年的对手成了他的朋友。

性格是改变命运的舵手，改变性格可以为我们带来许多与众不同的东西。除了精湛的技艺和和谐的人际关系，还可能是想象不到的机遇。

高岛是新罗的一位大将，可是他年轻的时候非常胆小，只要一上战场就随时找机会逃跑。即使敌方的士兵比他弱小，他也会害怕得发抖。后来，他成了公主的侍卫。一次，公主被权臣陷害，要出宫避难，高岛成了护送公主出宫的敢死队员。面对着众多盔明甲亮的士兵，高岛还是很害怕，还是很想逃跑。但是，想到自己肩负的重任，高岛就将自己的害怕深深地埋藏在心底。这时的他勇敢地拿起了自己擅长的武器大铁锤与阻拦公主的士兵们展开了肉搏战。最后，公主在他的保护下逃出了王宫。

很快，公主就澄清了自己的冤屈，重新回到王宫。而变得勇敢的高岛也受到重用，成为兵部的官员。在这之后，高岛就在对敌作战中找到了更多的自信，并最终成长为新罗的一员大将。

胆小的性格使本来强壮无比的高岛在弱小的敌军面前无计可施，而拥有了勇敢性格的高岛就成为新罗的大将，正是性格的改变成就了高岛的人生。

有了健康的性格，才能享有健康的人生。人生的许多不幸、许多疾患都与性格息息相关，人虽然不能控制先天的遗传因素，但有能力掌握和改变自己的性格，因为人可以自己拯救自己，自己塑造自己，自己表扬自己，自己驾驭自己。只有这样，才能认识到自己性格中的不足，改善缺陷，才会走上一条与众不同的发展道路，我们的人生就会从此改变。

第二章
DI ER ZHANG

读懂性格,才能拥有更好的人生

躲开性格心理的暗礁

黑格尔曾经说过,个性像白纸,一经污染,便永不能再如以前洁白。

性格是人个性发展的决定因素,你拥有什么样的性格,将决定着你的情感、工作、生活等各方面的选择。一个良好性格是向外渗透的,即使不通过言语行为,你也能强烈感觉到其精神特质,人们自然向这种人靠拢。而一个有性格缺陷的人为人处世偏激、武断、自私、敏感,由于性格中的许多因素没有和谐发展,故而常常影响到别人,身边的人或小心翼翼和他相处,或对他敬而远之,这种人生活中的麻烦总是不断。

人格缺陷并没有一个标准的行为模式,因人而异。简单的诊断方法是:性格偏激、孤僻,行为异常、乖张,情绪控制能力差,话语真假混淆等现象均可以认为是人格缺陷。比如反社会性人格缺陷,通常会有这些表现:不断地违反法律法规;以欺诈言行谋取利益;行为冲动,不计后果;好斗易怒,有打架或攻击他人的历史;因行为鲁莽而使自己或他人陷入危险的境地;对工作、学习、经济状况和家庭不负责任;缺乏自责,当自己给他人造成危害时,表现出漠不关心或认为是合理的;从青春期开始就有反社会行为；等等。

较常见的人格缺陷可分为两类，即回避性人格缺陷和边缘性人格缺陷。

回避性人格缺陷，例如：由于害怕批评、不满意或被拒绝而回避他人；不与别人保持密切的关系，除非确定对方喜欢自己；很害怕在亲密关系中被羞辱和嘲笑；对批评和拒绝极其恐惧；由于感觉到自己的不足，在人际关系中，总是很沉默；认为自己不行、社交能力差；由于害怕尴尬而拒绝参加各种活动；等等。

边缘性人格缺陷，例如：拼命努力以求不被抛弃；人际关系既密切又不稳定，常常不是把别人理想化，就是诋毁别人；自我意识和自我意象长期不稳定；行为冲突，具有毁灭特性，如乱花钱、吸毒、乱性；频繁表现出自杀的倾向，或威胁，或自伤；情绪极度不稳定，如短期内出现抑郁、焦虑、易激怒；持续地感到空虚；容易生气或发怒；在压力作用下，会变得偏执、抑郁或有分裂症状；等等。

发现自己出现一定程度的心理问题之后，应正视自己所出现的心理问题，承担起克服心理问题的主要责任，通过自我调节加以解决。在条件许可的情况下，寻求专业人员的帮助能够更快、更好地得到恢复。

接下来，要了解自己的状况，并制订详细的心理调整计划。最好有自助意识，寻求心理咨询师的帮助。心理咨询是通过他人改变自己的过程，心理医生帮助分析和明确问题的根源，提供专业的技术和方法，在心理医生的启发引导下，改变还需要个人的积极主动配合。勿急于求成，欲速则不达。心理问题和疾病不是一天两天形成的，并非一次谈话就能使所有的烦恼都烟消云散，通常需要持续一段时间。医师要全面了解咨询人的生活史、特殊生活事件以及对症状进行分析，在完整的心理评估基础上，和咨询人共同商定咨询目标，然后开始系统的治疗。

魔鬼其实就在自己的心里，是长期被压抑的恶劣性格的产物。我们每个人都要直面自己和人生，及时摆脱负面性格的困扰，不要让自己滑向极端的深渊。唯其如此，才能在冲动等性格缺陷来临时控制自己，从而让自己拥有一个积极向上的心态，面向生活中阳光的一面，多交流，多沟通，引导自己的性格向良性健康发展。

为什么有的人找不到自己的性格类型

在进行性格类型测试时，有人测试出自己具有孔雀型性格，但是仔细想想，觉得自己并不完全是这种性格，反而觉得猎犬的忠贞在自己身上体现得比较多。这又是怎么一回事呢？其实，性格分类只是探究性格的一种工具，它只代表一种概率，无须为此较真。但也不能避免的是，确实有些人常常困惑，为什么找不到自己的性格类型？

从心理学上讲，无法认知自己的性格类型，原因大概有以下几种：

（1）测试结果受到了外在条件影响。

性格测试前，心理学家往往会给出忠告：面对真实的自己。就像蝴蝶会采取保护色来避免被捕捉一样，我们有时为了面子也会有相应的手段来隐蔽、掩饰自己。我们心里都明白，怎么样回答才是最好的回答，这可能会造成我们违心回答，也就是没有根据自己的真实感受回答。看一个例子：

研究人员曾经对大型企业的员工进行性格的测试。员工们都知道，大企业通常是以目标和结果为导向的，他们要的是业绩，是成功。因此，大型企业倾向于选择雄鹰型性格者，这无可厚非。

在性格测试结果中，大型企业员工几乎30%～40%的人都是雄鹰型性格者。难道这真的是巧合吗？雄鹰型性格者属于"重视效率，为了成功而努力工作"的类型，这对企业而言是最理想的类型。

为了使员工都成为雄鹰型性格者，企业会对员工进行专门的训练。结果，一些并非雄鹰型性格的人也表现出雄鹰型性格的一面。但如果深入检测，就会发现雄鹰型性格者降到了原来的三分之一，这才是事实的真相。

如果你真的想要知道自己的本性，就要放下功利心等外界环境的影响，把自己赤裸裸地呈现出来，与自己的内心对话。这才是真实的自我，而不是化过妆的假面。

（2）因为不够好，不愿意承认那是自己的本性。

人们都希望自己的形象是好的，都不愿意承认自己不好的地方。主人会不时地鼓励表扬猎犬，所以猎犬对主人死心塌地，同样，每个人都期望获得别人的肯定和喜欢，而且我们往往认为，一旦暴露了自己的缺点，就会得到不好的评价，所以如果看到的性格类型不是自己喜欢的形象，很多人就拒绝接受了。其实，性格类型没有绝对的好，也没有绝对的差，每种类型都有各自的长处和短处，想要看清自己的本性，必须坦诚相待。

（3）后天的努力已经改变了本性。

后天因素完全可以改变一个人的本性，在马戏团中，狗也可以学会算数，狮子也可以乖乖听话，所以人们在生存学习等训练中也会慢慢改变。环境，会给性格带来很大的影响。

一个人在公司上班，久而久之，自己就会知道什么样的性格可以走得更长远，更能够得到上司的喜爱，所以公司型人才大多转向了蚂蚁型性格者和野兔型性格者，他们遵守规范，善于执行，严谨认真，很少错误，即使不属于这两个类型，他们在工作中也会尽量向这两个方向努力，以适应周围的环境。这样一来，性格的测试难免出现问题，有失偏颇。因此，当你认为自己的性格类型不够准确，可以对照上面看看是否触碰了暗礁，以致测试失灵。在寻找自我之旅中，我们要严肃公正地对待自己，只有这样你才能发现最真实、最闪亮的自己。

也许你会发现，自己对应着每种类型中的某几种特质，所以你觉得在所有的类型中都能看到自己的影子，而这些征兆都在提醒你，有某个东西正中你的要害。

尽管在生命的不同时期，我们每天都会扮演其他类型，可我们自己的类型才是我们最终要回归到的"家"。那是一面透镜，我们通过透镜，以一种日渐清澈的眼光看待自己和他人，认识到自己的人格类型对生活方方面面的影响是多么强烈。

改变自己需要时间，也需要有面对自己不喜欢的真相的勇气与意志力，这是克服坏习惯和自残行为模式的必经过程。反思关于自己人格类型的描述这一过程本身就是一种宣泄：你越是深思这些材料，并把它用在自己身上，你就越能自由开放地审视自己。

正视性格中的时间观念误区

世界上最容易的事情中，拖延时间是最不费力的。"我被堵在路上了""我出门晚了"……在生活中，我们常常听到各种迟到的借口。事实上，一个人的时间观念影响着他的行为，也暴露了他的性格特点。

有的人不仅从来不迟到，而且总是提前一点到达约会地点。这样的人对生活抱有敬畏、尊重的态度。爱惜自己的时间，也尊重别人的时间，宁愿自己等，也不愿让大家等。他们做起事情来小心谨慎、计划性强。还有一些人则习惯踩着点到达，他们习惯严格掌控自己的生活，喜欢有条不紊地完成事情，是典型的"完美主义者"。生活一旦发生突发状况，会变得有些焦虑不安。

另有一些人，则是大家眼中的"迟到大王"，没有几次能按点出现的。这实际上表达出一种强烈渴望关注的态度，他们希望得到别人的重视、成为人群焦点。生活中，这类人通常比较自我，就像长不大的孩子一样，有些任性固执，难以接受他人的意见。

还有一部分人，不喜欢迟到，但也不会为了守时拼命赶时间。这样的人通常生活比较随意，喜欢自由自在，不轻易勉强自己。为人坦诚，不擅伪装。另有一些人，喜欢一边等人，一边不停地看时间。这类人不仅时间观念强，而且对他人也有着严格的要求，做事希望拿出"证据"，用事实说话。

不能说时间观念很强的人都能够成功，但是，任何一个成功的人，都有很强的时间观念，不论是在以前，还是在现代社会。

一般人们说的一天，就是从早晨太阳初升直到傍晚太阳下山为止，日出而作，日落而息。但是，犹太人的时间观念则恰恰相反，他们的一天是从日落开始的。

这样的时间观是犹太人所独有的。为什么会这样呢？

犹太人曾经专门讨论过这个问题，他们的答案别具一格。为什么一天要始自日落？因为与其明亮地开始、黑暗地结束，倒不如黑暗地开始、明亮地结束。

基于这样的时间观，犹太人希望人生也是这样，从苦难和黑暗开始，最后达到幸福和光明的境地。在这独特的时间观念之中，也表现了犹太人深藏心中的乐观精神，他们认为希望是掌握将来的一条线索。在人类拥有的一切力量之中，最强有力的就是希望。有了这种力量，就能够对生活中的种种磨难和烦恼采取一种豁达的态度。

一天的开始定于日落，但是人的生活还是按照白昼黑夜的划分而进行，日落而息，日出而作，并没有违背人的身体生理规律，却给人的心注入了乐观和希望。

因此，把一天的开始定于日落，这反映了犹太人对生活和人生的积极态度，是一种智慧的表现。

以上例子说明，要正视存在的时间误区，但也不要因此而忧心忡忡，陷入惰性，应努力消除这一误区，争取投身于现实生活，做实干家而非幻想家。

优点与缺点仅一线之隔

任何性格都有它的优点和缺点，性格本身并无好坏之分。纵观古今，每一种性格都有成功者，每一种性格也都有失败者。性格就像一把双刃剑,看你怎么使用。要发挥出性格的最大优势,关键在于扬长避短。

性格中都有先天遗传而来的,但更多的是通过后天培养形成。性格一旦形成,再想改变就很困难了,但性格是可以修正的,特别是其中的缺陷部分,可以通过理性的方式进行弥补。

那么怎样看待一个人的优缺点?

第二次世界大战期间的英国首相丘吉尔,在他出任英国首相期间,曾经暴露出很多缺点。身为首相的丘吉尔,对下属既不和善,又不体谅,还常常随口骂人,有时简直到了百般苛求和吹毛求疵的程度。

丘吉尔的一个下属就在背后抱怨说,那些令人愤恨和讨厌的上司所具备的特点,丘吉尔全都具备。尽管丘吉尔的缺点惹人恼火,使人讨厌,但他的下属却仍然对他忠心耿耿。

原来,丘吉尔在关键问题上,总是见解精辟,说话扣人心弦,加之他经验丰富、学识渊博和幽默有趣,一个伟人所具备的特点,丘吉尔几乎都有。丘吉尔身上的优点使他有着巨大的号召力和凝聚力,那些缺点就变得微不足道了。

其实在这个世界上,人总是会有一些缺点的,因为世界上从来没有十全十美的人,但是,千万别让缺点大于优点,这才是最重要的。

每个人都有缺点和优点,且存在互补关系。比如盲人的听力比一般人敏感,而聋人的眼睛也比正常的人敏锐。所以说,很多时候缺点里孕育着优点，而优点里隐含着缺点。

现实中最常见的例子：长相一般的女孩子，通常脾气性格特别好，而长得漂亮点的女孩子，通常脾气很大，当然这不是绝对的，但是至少成反比。为什么会这样呢？因为一个女孩子，长得一般，如果再加上脾气不好、性格不好等原因，那从小到大，男生会对她避而远之，因为你一点优点都没有，别人为什么还和你做朋友啊。

而长相漂亮点的女孩子，因为外貌很多男生就会主动地和她交往，这样一来，她在不知不觉中尾巴就"翘起来"，渐渐养成了骄横的脾气。

所以缺点和优点是夹杂在一起的，甚至有的我们还说不清楚到底是缺点还是优点，譬如说，抽烟喝酒。有人说这样的男人有男人味；也有人说这是缺点，花钱还对身体不好。再说广了，一个人沉稳，就没有冲劲；一个人太执着，就不懂得变通；一个人太本分，就不懂得投机，等等。所以你说缺点也罢，说优点也罢，还是看每个人的想法和观念，你认为对的，这就是对的；你认为错的，这就是错的。

我们观察一个人的性格优劣，一定要看主流，也就是要看清楚这个人的善恶的对比，善多还是恶多。不能单纯以性格优劣区分，它们之间甚至可以互相转换，关键在于你如何去塑造它，让它在你身上发挥出最大最好的作用。

对于我们自己来说，不要总是盯着他人的优点或者缺点不放,而是应该用全面和客观的眼光去看待他人。同时,也要适当关注自己的优点和缺点,从而完善自己,提高自己。

理智是导向成功的指南针

理智表现为一种明辨是非、通晓利害以及控制自己行为的能力。具备这种能力,并且使之成为一种持续的倾向时,你便拥有了理智的性格。

凡是具备理性性格的人,性情稳定,思想成熟,思维全面,做事周密,因此成功的概率很高。

想必大家也都知道大名鼎鼎的索罗斯,就是一个十分理性的人,也正是理性助他最终成功。

1969年,索罗斯与杰姆·罗杰斯合伙以25万美元起家,创立了"双鹰基金",专门经营证券的投资与管理。1979年,他把"双鹰基金"更名为"量子基金",以纪念德国物理学家海森伯。海森伯发现了量子物理中的"测不准原理",而索罗斯对国际金融市场的一个最基本的看法就是"测不准"。这个在思想上缺乏天赋却曾苦苦研读哲学的知识分子在投机行为大获成功之后再一次确认了他的观点:金融市场是毫无理性可言的。

索罗斯曾经说过:"测不准理论有其合理的地方。人类发展的过程,不是直线的,而是一个反复选择的过程。这个反复选择基本上是一个循环。人类的决策在很大程度上决定了历史进程,反过来,历史的进程又影响领导人和个人做出针对这个大的社会环境的决策。"所以,测不准是金融市场最基本的原则。

他曾经坦言,在亚洲金融风暴中,他也亏了很多。因为他也测不准,他也出错了。所以,他不预测短期的投资走向,因为太容易证明自己的判断是错误的。

20世纪70年代后期,索罗斯的基金运作十分成功。

1992年9月1日,他在曼哈顿调动了100亿美元,赌英镑下跌。当时,英国经济状况越来越糟,失业率上升,通货膨胀加剧。梅杰政府把基金会的大部分工作交给了年轻有为的斯坦利·杜肯米勒管理。杜肯米勒针对英财政的漏洞,想建一个30亿到40亿美元的放空英镑的仓位,索罗斯的建议是将整个仓位建在100亿美元左右,这是"量子基金"全部资本的一倍多。索罗斯必须借30亿美元来一场大赌博。

最终,索罗斯胜了。9月16日,英国财务大臣拉蒙特宣布提高利率。这一天被英国金融界称之为"黑色星期三"。

杜肯米勒打电话告诉索罗斯,他赚了9.58亿美元。事实上,索罗斯这次赚得近20亿美元,其中10亿来自英镑,另有10亿来自意大利里拉和东京的股票市场。整个市场卖出英镑的投机行为击败了英格兰银行,索罗斯是其中一股较大的力量。在这次与英镑的较量中,索罗斯等于从每个英国人手中拿走了12.5英镑。但对大部分英国人来说,他是个传奇英雄。英国民众以典型的英国式口吻说:"他真行,如果他因为我们政府的愚蠢而赚了10亿美元,那他一定很聪明。"

索罗斯曾把他的投资理论写成《金融炼金术》一书,阐述了他关于国际金融市场的"对射理论"和"盛衰理论"。他认为参与市场者的知觉已影响了他们参与的市场,市场的动向又影响他们的知觉,因此他们无法得到关于市场的完整的认识,但市场有自我强化的功能,繁盛中有衰落的前奏。

在索罗斯走向成功的过程中,理性的思考、判断、分析、选择起到了至关重要的作用。任何成功都是一个复杂的过程,缺乏这样的理性前提,成功就是无源之水,无本之木。成功在某种程度上,可以说是理智的产物。

要培养自己理智的性格,主要把握以下两个方面:

1. 学会理性思考

对于一个追求成功的人来说,培养理性思考的习惯十分重要。善于理性思考的人遇事不乱,能够保持冷静的头脑,能够具有良好的判断能力。

英国商人杰克某次去旅游,看到当地大街上的人都显得很匆忙,于是问导游:"为什么他们看上去这么匆忙?有很多事要做吗?需要多少时间?"导游回答说:"他们早上去上班,每天工作8个小时,加上路上时间,少说也得十来个小时,这是很正常的现象啊。难道你们不忙吗?"

杰克说:"并不像你想的那样,真正善于思考的人应该生活得清闲又富余，做 1 小时的工作所得的报酬超过一般人做 10 个小时的所得。这些人整天忙忙碌碌，累了就睡，醒来又工作，根本不给自己思考的时间，生活的状况也就无法改变。如果他们能多一点思考，一定不会如此忙碌，也不会平平淡淡地过完这一生。"

这位商人的话形象地说明，如果充分发挥理性思考的作用，将从本质上改变我们的人生。

2. 由表及里

一个不能通过表面现象看到事物本质的人不会是成功者。

加利福尼亚曾经出现过一股淘金热潮，年仅 17 岁的约翰也加入此次浪潮之中。他来到加利福尼亚以后，却发现加州并不是遍地黄金，更重要的是人们淘金的山谷水源奇缺。于是在经过理性分析后，他决定避开热潮，不去淘金，而是去找水源。几经周折，约翰终于找到了水源。众多淘金者终日劳累，也不可能挖到多少金矿。而他为这些人提供饮水，却成为一位富翁。

理智的性格，应该是不为表象所迷惑，而是从现象到本质，由表及里，这样才会获得与众不同的成功。

不仅如此，理性的人还十分擅长理财，他们总是运用理性来进行理财，从而让自己变得富裕。因此，运用理性进行理财也是我们应该去学习的一个方面：

（1）制订详细的预算计划，并养成习惯，然后按照计划去执行。

（2）减少手头的现金。手头的闲钱少了，头脑发热的消费、财大气粗的消费、互相攀比的消费、虚荣的消费就都少了，能免则免，小钱也能积累成大钱。

（3）养成勤俭节约的习惯。

从点滴做起，节省开支，不管开源做得怎么样，节流总是不错的。从现在开始，应该慢慢培养自己对金钱的感觉，理解了钱的重要性，就会注意自己的开支。没有计划和预算的花费，是对自己辛苦劳动的否定。

热忱是点燃生命力的火焰

黑格尔说："没有热情，世界上没有一件伟大的事能完成。"美国的《管理世界》杂志曾进行过一项调查，他们采访了两组人，第一组是高水平的人事经理和高级管理人员，第二组是商业学校的毕业生。

他们询问这两组人，什么品质最能帮助一个人获得成功，两组人的共同回答是"热情"。

热情高于事业，就像火柴高于汽油。一桶再纯的汽油，如果没有一根小小的火柴将它点燃，无论它质量再怎么好也不会发出半点光，放出一丝热。而热情就像火柴，它能把你具备的多项能力和优势充分地发挥出来，给你的事业带来巨大的动力。

有一个哲人曾经说过："要成就一项伟大的事业，你必须具有一种原动力——热情。"

英国的乔治·埃尔伯特指出：所谓热情，就像发电机一般能使电灯发光、机器运转的一种能量，它能驱动人、引导人奔向光明的前程，能激励人去唤醒沉睡的潜能、才干和活力，它是一股朝着目标前进的动力，也是从心灵内部迸发出来的一种力量。

热情是世界上最大的财富。它的潜在价值远远超过金钱与权势。热情摧毁偏见与敌意，摒弃懒惰，扫除障碍。热情是行动的信仰，有了这种信仰，我们就会无往不胜。

如果能培养并发挥热情的特性，那么，无论你从事哪种工作，你都会认为自己的工作是快乐的，并对它怀着浓厚的兴趣。无论工作有多么困难，需要多少努力，你都会不急不躁地去进行，并做好想做的每一件事情。

热情对于有才能的人是重要的，而对于普通人，它可能是你生命运转中最伟大的力量，使你获得许多你想要的东西。

热情不是一个空洞的词，它是一种巨大的力量。热情和人的关系如同蒸汽机和火车头的关系，它是人生主要的推动力；也是一个普通人想要生活好、工作好的最关键的心态。

撰写《全美工作圣经》的斯蒂芬·柯维说："一个人若只有一点点热忱是远不够的。所以，增强热心是必需的。"

那么，怎样才能增强热心呢？以下几个步骤值得尝试：

1. 了解是热忱的开始

多年来，奥格·曼狄诺对于现代画一直没有好感，认为那只是由许多乱七八糟的线条所构成的图画而已。直到经一个内行的朋友开导以后，他才恍然大悟："说实在的，有了进一步的了解后，我才发现它真的那么有趣，那么吸引人。"

奥格·曼狄诺发现，想要对什么事热心，先要学习更多你目前尚不热心的事。了解越多，越容易培养兴趣。

所以，下次你不得不做一件事时，一定要应用这项原则；发现自己不耐烦时，也要想到这个原则。只有进一步了解事情的真相，才会挖掘出自己的兴趣。

2. 无论做什么事情，都要充满热忱

你热心不热心或有没有兴趣，都会很自然地在你的行业上表现出来，没有办法隐瞒。因此，你应该尽量让自己在做任何一件事时都充满热忱，要知道，你的热忱是别人绝对能够感受到的。

3. 与人分享好消息

好消息除了引人注意以外，还可以引起别人的好感，引起大家的热心与干劲，甚至帮助消化，使你胃口大开。

因为传播坏消息的人比传播好消息的要多，所以你千万要了解这一点：散布坏消息的人永远得不到朋友的欢心，也永远一事无成。

4. 重视他人

每一个人，无论他在印度或在美国中西部或印第安纳，无论他默默无闻或身世显赫，文明或野蛮，年轻或年老，都有成为重要人物的愿望。这种愿望是人类最强烈、最迫切的一种目标。

只要满足别人的这项心愿，使他们觉得自己重要，你很快就会步上成功的坦途。它的确是"成功百宝箱"里的一件宝贝。这种做法虽然不值分文,但懂得使用的人却很少。

5. 你的热忱需要行动

热忱是什么？热忱就是将内心的感觉表现到外面来。让我们把重要点放在促使人们谈论他们最感兴趣的事,如果我们做到这一点,说话的人就会像呼吸一样,不自觉地表现出生机。

大教育家兼心理学家威廉·瓦特确信并证实：感情是不受理智立即支配的,不过它们总是受行动的立即支配。

行动可以是实质的,也可以是心理的。思想将感情从消极改变为积极,行动同样具有刺激性与效力。在这种情况下,行动不论是实质的或心理的,它都领先于感情。你的感情并非经常受理智支配,可是它们却受行动的支配。

所以,要学习运用这样一个自我激发词：要变得热忱,行动须热忱。并让这个自我激发词深入到潜意识中去。那么,当你在创造过程中精神不振的时候,这个激发词就会闪入到你的意识心神中,一旦时机到来,就会激励你采取热忱的行动,变消极为积极,焕发精神,"现在就做"。

6. 对自己一日三省

你对人生、对事物、对别人、对自己是持怎样的看法和态度的？若一个人的思想被迟钝、有害的各种病态心理占据着,热情就缺乏生长和生存的土壤。要改变这种状态,关键的是需要自己做出努力,要不断鼓励自己,给自己打气尝试着这样充满信心与热情去投入到工作和生活中，你就必然会走运。

因此只要我们确立的目标是合理的，并且努力去做个热情积极的人，那么我们做任何事都会有所收获。热情还可以补充精力的不足，发展坚强的个性。爱德华·亚皮尔顿是一位物理学家，发明了雷达和无线电报，获得过诺贝尔奖。《时代》杂志曾经引用他的一句话："我认为，一个人想在科学研究上取得成就，热情的态度远比专业知识更重要。"

独立的性格撑起人生的天空

"在我的生活中，我就是主角。"这是中国台湾作家三毛的自信之言。

你是你命运的主人，你是你灵魂的舵手。

生命当自主，一个永远受制于人，被人或物"奴役"的人，绝对享受不到创造之果的甘甜。人的发现和创造，需要一种坦然的、平静的、自由自在的心理状态。自主是创新的激素、催化剂。人生的悲哀，莫过于别人在替自己选择，这样，就会成为别人操纵的机器，从而失去自我。

1. 要做命运的主宰

成功者总是自主性极强的人，他总是自己担负起生命的责任，而绝不会让别人虚妄地驾驭自己。他们懂得必须坚持原则，同时也要有灵活运转的策略。他们善于把握时机，摸准"气候"，适时适度、有理有节。如有时需要"该出手时就出手"，积极奋进，有时则需收敛锋芒缩紧拳头，静观事态；有时需要针锋相对，有时又需要互助友爱；有时需要融入群体，有时又需要潜心独处；有时需要紧张工作，有时又需要放松休闲；有时需要坚决抗衡，有时又需要果断退兵；有时需要陈述己见，有时又需要沉默以对；有时要善握良机，有时又需要静心守候。人生中，有许多既对立又统一的东西，能辩证待之，方能取得人生的主动权。

善于驾驭自我命运的人，是最幸福的人。在生活道路上，必须善于做出抉择，不要总是让别人推着走，不要总是听凭他人摆布，而要勇于驾驭自己的命运，调控自己的情感，做自我的主宰，做命运的主人。

2. 你的一切成功，一切造就，完全决定于你自己

你应该掌握前进的方向，把握住目标，让目标似灯塔在高远处闪光。你得独立思考，独抒己见。你得有自己的主见，懂得自己解决自己的问题。你的品格，你的作为，就是你自己的产物。

的确，人若失去自己，则是天下最大的不幸；而失去自主，则是人生最大的陷阱。赤橙黄绿青蓝紫，你应该有自己的一方天地和特有的色彩。相信自己创造自己，永远比证明自己重要得多。你无疑要在骚动的、多变的世界面前，打出"自己的牌"，勇敢地亮出你自己。你该像星星、闪电、出巢的飞鸟、出墙的

红杏，果断地、毫不顾忌地向世人宣告并展示你的能力，你的风采，你的气度，你的才智。

自主的人，能傲立于世，能力拔群雄，能开拓自己的天地，得到他人的认同。勇于驾驭自己的命运，学会控制自己，规范自己的情感，善于分配好自己的精力，自主地对待求学、就业、择友，这是成功的要义。要克服依赖性，不要总是任人摆布自己的命运，让别人推着前行。

3. 成大事者要善于独立思考

独立自主不仅意味着行动上的自立，而且意味着思想上的自立，即凡事能独立思考。要成大事的青年人，只有养成了独立思考的个性，才能在风风雨雨的事业之路上独闯天下。

最早完成原子核裂变实验的英国著名物理学家卢瑟福，在一天晚上走进实验室。当时已经很晚了，见自己的一个学生仍俯在工作台上，他便问道："这么晚了，你还在干什么呢？"

学生回答说："我在工作。"

"那你白天干什么呢？"

"我也工作。"

"那么你早上也在工作吗？"

"是的，教授，早上我也工作。"

于是，卢瑟福提出了一个问题："那么这样一来，你用什么时间思考呢？"

这个问题提得真好！

拉开历史的帷幕就会发现，古今中外凡是有重大成就的人，在其攀登科学高峰的征途中，都是善于思考而且是独立思考的。据说爱因斯坦狭义相对论的建立，经过了"10年的沉思"。他说："学习知识要善于思考，思考，再思考，我就是靠这个学习方法成为科学家的。"

达尔文说："我耐心地回想或思考任何悬而未决的问题，即使耗费数年亦在所不惜。"

牛顿说："思索，继续不断地思索，以待天曙，渐渐地见得光明。如果说我对世界有些许贡献的话，那不是因为别的，是由于我的辛勤耐久的思索所致。"他甚至这样评价思考："我的成功就当归功于精心的思索。"

著名昆虫学家柳比歇夫说："没有时间思索的科学家（如果不是短时间，而是一年、两年、三年），那是一个毫无指望的科学家。他如果不能改变自己的日常生活制度，挤出足够的时间去思考，那他最好放弃科学。"

从这些名言中我们不难得出这样一条道理：独立思考是一个人成功的最重要、最基本的心理品质。所以，养成独立思考的品质是要成大事的青年人必备的条件。

一位教授强调："要提高你的创造能力，一定要培养自己的独立思考、刻苦钻研的良好品质，千万不要人云亦云，读死书，死读书。"

你能掌握自己，支配好自己，这本身就不失为智者的表现，不失为一种充实的表现，不失为一个称得上幸福的人。

稳重是一种成熟的象征

生活丰富多彩却也纷繁复杂，人们在生活中总会遇到各种困难，这时我们一定要拥有一颗稳重的心，才能让自己不迷失人生的目标，才能成功地演绎幸福，才能拥有无憾的人生。

稳重是理性的沉淀，生活需要稳重。稳重能让我们远离厄运，远离诱惑，稳重能让我们拥有智慧。考场上，稳重是一把锁；赛场上，稳重是一面旗；碰到困难时，稳重是希望的曙光。可以说，稳重是人生的一种精髓，得到它，我们的人生就能少有挫折，多有收获。

但有的时候，我们觉得稳重很难把握，掌握不好就会变成默默无闻。那应如何培养自己的稳重型性格呢？

第一，为稳重性格画像，让自己更容易把握它的状态。

第二，给心灵一个沉淀的机会。生活中的烦心琐事就如同水中的灰尘，慢慢地、静静地，它们就会沉淀下来。

第三，保持冷静，从容镇定。生活中，总会有许多让人着急的事情经常让人手忙脚乱，结果是越急越糟糕，所以，我们要冷却性情，戒除急躁，无论何时，保持冷静、从容镇定能让我们更好地洞悉局面，从而做出正确选择。

第四，培养宠辱不惊的心态。洪应明的《菜根谭》中有这样一句名言："宠辱不惊闲看庭前花开花落，去留无意漫观天外云卷云舒。"著名人口学家马寅初也曾将这句名言书于自己的书房，以润泽自己的心胸，这也成为他对任何事情都宠辱不惊的心态的写照。我们也应保持宠辱不惊的心态，从容镇静。

第五，俯视人生。俯视，可以让我们看透生活的琐碎、人生的匆忙、世事的变化。同样，俯视，也可以让我们的性情变得更加稳重。

第六，给烦躁的心情一些转变的时间。当我们遇到烦恼的事情，不免焦虑不安，心急气躁，这时给心灵一个转变的时间，才能让自己渐渐地摆脱困扰，镇静下来，达到心如止水的境地。

第七，学会独处养生。独处，可以养生；独处，可以让疲惫的身心得到休息；独处，可以解脱自己。学会独处，有利于培养我们的稳重型性格。

三国时期，鼎鼎大名的谋士诸葛亮便是一个十分稳重的人。翻开《三国演义》，我们便不难发现，诸葛亮从来都不打没有准备的仗，也从来不过早地妄下结论，他做任何事情、做任何决定，都是先经过深思熟虑，并对当时的形势有一定的了解和掌握后才开始进行行动的。他稳重的性格也让他几乎是事必躬亲，而且总是将事情做得善始善终。这也难怪刘备放心地将军中大小事务一一交于诸葛亮，甚至在自己的弥留之际还将自己的儿子刘禅与蜀国一并交到他的手里。正是诸葛亮的稳重让刘备对他十分放心，并完全信任他。

　　性格稳重的人往往能担负起别人的嘱托，并获得别人的信任。因为，他们总能很稳妥地将事情做好，让人不仅仅是放心，更省心。

第三章 别让你的性格害了你
DI SAN ZHANG

别让狭隘禁锢你的心灵

有关专家对不同性格的人的生理变化进行了研究，从中得到了有趣的发现：性格开朗的人，其基础代谢率较高，组织器官的新陈代谢较快，内分泌系统平衡协调，各项生命指标，如血压、脉搏等相对稳定；而心胸狭隘、忧郁的人，其结论正好相反。

这些生理现象实质上是由心理因素引起的。心胸狭隘、心情忧郁的人，好静不好动，饮食少而无规律，经常失眠，神经衰弱，爱发脾气、生闷气等。如果上述性格与生活习惯交互作用，会互相加剧，形成恶性循环，结果导致内分泌紊乱，组织器官因养分不足而过早衰老。性格开朗的人则喜爱运动，心胸开阔，乐观向上，这些良好的生活习惯与性格特点形成良性循环，有利于内分泌系统平衡稳定，他们的组织器官新陈代谢旺盛，从而使机体充满活力。

可见，不同性格的人，其生活习惯直接或间接地影响到人的健康和衰老。

狭隘性格的产生同家庭中不良因素的影响有很大关系。父母狭隘的心胸、为人处世的方法、不良的生活习惯等对子女有潜移默化的影响。有些子女狭隘的性格完全是父母性格的翻版。

另外，优越的生活环境、溺爱的教育方法往往易形成子女任性、骄傲、利己主义等特点，自然受点委屈便耿耿于怀，对"异己"分子不肯容纳与接受，尤其是一些年轻人，阅历浅、经验少，遇到问题后，容易把事情想得过于困难、复杂，加之对自己的能力估计不足，对事情感到无能为力，因而容易紧张、焦虑，放心不下。

狭隘的人，不仅生活在一个狭窄的圈子里，而且知识面也往往非常狭窄。因此，开阔的视野很重要。如老师和家长应多让学生参加一些社会公益活动，参观一些伟人、名人纪念馆，听英雄人物事迹报告会等。这能使学生在亲身经历中感悟很多人生道理。丰富课余文化生活，组织多种多样的文娱、体育活动，拓宽兴趣范围，使自己时刻感受到生活、学习中的新鲜刺激，感受到生活的美好，陶冶性情，从而在健康向上的氛围中增强精神寄托，消除心理压力。

狭隘的人，其心胸、气量、见识等都局限在一个狭小的范围内，不宽广、不宏大。多与人接触，使自己对不同的人有不同的认识，从而积累经验，这样会从中明白许多对与错的道理。宽容是人的一种美德。对任何事都斤斤计较，便是一个狭隘的人。

怎样才能克服气量小的狭隘毛病呢？

1. 拓宽心胸

陶铸同志曾经写过这样两句诗："往事如烟俱忘却，心底无私天地宽。"要想改掉自己心胸狭隘的毛病，首先要加强个人的思想品德修养，破私立公，遇到有关个人得失、荣辱之事时，经常想到国家、集体和他人，经常想到自己的目标和事业，这样就会感到犯不着计较这些闲言碎语，也没有什么想不开的事情了。

2. 充实知识

人的气量与人的知识修养有密切的关系。有句古诗说："曾经沧海难为水，除却巫山不是云。"一个人知识多了，立足点就会提高，眼界也会相应开阔，对一些"身外之物"也就拿得起，放得下，丢得开，就会"大肚能容，容天下难容之事"。当然，满腹经纶、气量狭隘的人也有的是，这并不意味着知识有害于修养。培根说："读书使人明智。"经常读一些心理卫生学方面的书籍，对于开阔自己的胸怀，裨益当不在小。

3. 缩小"自我"

你一定要不断提醒自己，在生活中不要期望过高。来点阿Q精神降低你的期望。如果你坚持抱着一成不变的期望，不愿做任何改变减少你的期望以衡量期望和现实之间的差距，那么你就会很快被激怒，让事情变得更糟。根据墨菲定律："只要事情有可能出错，就一定会出错。"这正好抓住了降低期望、明智看待事情的想法，它也说明了该如何调整期望，才不会留下满屋子的失望和挫折感。

降低你的期望不但可以减少你的生气次数和生气的强烈程度，还可以减少生气的时间。随时调整你的期望，时刻保持清醒的头脑，你才会在自负的乌云之中看到阳光。

"宰相肚里能撑船",宽容大度是一种长者风范,智者修养。当你怒气冲天时,切记"金无足赤,人无完人";或者多想想自己读书时也曾干过蠢事,说过错话,将心比心来提醒自己;也可多想想发怒的害处等,这样会使怒气烟消云散。

的确,当我们不再让自己"膨胀"时,我们便能用一颗平常心来面对生活,这样也就使心胸开阔了许多。因此,正确地善待自我十分有利于我们走出狭隘的境地。

4. 自然陶冶法

人们在学习和工作之余,在庭院花卉、草坪旁休息,在绿树成荫的大道上散步,在风景秀丽的幽静的公园里游玩,往往心旷神怡,精神振奋,利于忘却烦恼,消除疲劳。

远离让你永远也站不起来的自卑

自卑,就是自己轻视自己,看不起自己。自卑心理严重的人,并不一定就是他本人具有某种缺陷或短处,而是不能悦意容纳自己,自惭形秽,常把自己放在一个低人一等、不被自己喜欢,进而演绎成别人看不起的位置,并由此陷入不能自拔的境地。

自卑的人心情消沉,郁郁寡欢,常因害怕别人瞧不起自己而不愿与别人来往,只想与人疏远,他们缺少朋友,甚至自疚、自责、自罪；他们做事缺乏信心，没有自信，优柔寡断，毫无竞争意识，享受不到成功的喜悦和欢乐，因而感到疲劳，心灰意懒。

由于自卑的人大脑皮质长期处于抑制状态，中枢神经系统处于麻木状态，体内各器官的生理功能相应得不到充分的调动，不能发挥各自的应有作用；同时，内分泌系统的功能也因此失去常态，有害的激素随之分泌增多；免疫系统失去灵性，抗病能力下降，从而使人的生理过程发生改变，出现各种病症，如头痛、乏力、焦虑、反应迟钝、记忆力减退、食欲不振、性功能低下等，这些表现都是衰老的征兆所在。

也许我们每一个人都曾自卑过，这很正常，因为每一个人都或多或少有些自卑情绪。德国心理学家阿德勒认为，所有人在幼小的时候都具有自卑感。因为一个人幼时生理机制还未完全发育，一切都要依赖成人才能生存。父母在他们的眼中是无所不能的上帝，看到成人处处优于自己，每个孩子都会产生自卑感。

"不胜任感和自卑感广泛存在于我们的世界里。"正如心理学家詹姆斯·道尔皮所说，"自卑存在于我们每个人特别是青少年的生活里，并困扰着我们。"

虽然自卑总是与我们为伍，但是那些专门致力于自卑心理研究的专家告诉我们，自卑并非坏事，相反，它是所有人发展的主要的推动力量，自卑感使人产生寻求力量的强烈愿望。

当一个人感到自卑时，就会力图去完成某些事情，以成功来克服自卑。达到成功后，人的内心会处于相对稳定的时期。而看到别人的成就之后，又会产生新的自卑，以促使自己取得更大的进步，以此周而复始。当然，自卑并不总是催人进步。如果一个人已经气馁了，认为自己的努力无法改变自己的处境，但又无力摆脱自卑感，那么，为了维护心理的健康（自我的统一），他就会设法摆脱它们。只是这些方法不会使他进步，他会用一种虚假的优越感来自我陶醉，麻木自己，这类似于阿Q精神。由于自卑者生活在自己虚设的精神世界里，而造成自卑的情境依然没有改变，因此，他的自卑感就会越积越多，其行为也就陷入了自欺当中，形成了自卑情结。

有的社会心理学家认为，自卑的产生是因为一个人不正确归因的结果。

一件事发生后，人总是会试图去分析产生这种结果的原因。但不同的人对同一件事情的评价往往是不同的。例如，同是输了一场篮球比赛，有的队员会认为这是己队的运气不好，或场地不行，或球不好等（外部归因），而有的队员可能会认为这是自己的实力不行，输球是必然的（内部归因）。自卑的产生往往就是将失败归结为自身的原因，与环境无关的结果。即只看到自己的不足，看不到自己的长处。

征服畏惧，战胜自卑，不能夸夸其谈，止于幻想，而必须付诸实践，见于行动。建立自信最快、最有效的方法，就是去做自己害怕做的事，直到获得成功。

1. 认清自己的想法

有时候，问题的关键是我们的想法，而不是我们想什么事情。人的自卑心理来源于心理上的一种消极的自我暗示，即"我不行"。正如哲学家斯宾诺莎所说："由于痛苦而将自己看得太低就是自卑。"这也就是我们平常说的自己看不起自己。悲观者往往会有抑郁的表现，他们的思维方式也是一样的。所以先要改变戴着墨镜看问题的习惯，这样才能看到事情明亮的一面。

2. 放松心情

努力地去放松心情，不要想不愉快的事情。或许你会发现事情真的没有原来想得那么严重，会有一种豁然开朗的感觉。

3. 幽默

学会用幽默的眼光看事情，轻松一笑，你会觉得其实很多事情都很有趣。

4. 与乐观的人交往

与乐观的人交往，他们看问题的角度和方式，会在不知不觉中感染你。

5. 尝试一点改变

先做一点小的尝试。比如，换个发型，化个淡妆，买件以前不敢尝试的比较时髦的衣服……看着镜子中的自己，你会觉得心情大不一样，原来自己还有这样一面。

6. 寻求他人的帮助

寻求他人的帮助并不是无能的表现，有时候当局者迷，当我们在悲观的泥潭中拔不出来的时候，可以让别人帮忙分析一下，换一种思考方式，有时看到的东西就大不一样。

7. 要增强信心

因为只有自己相信自己，乐观向上，对前途充满信心，并积极进取，才是消除自卑、促进成功的最有效的补偿方法。悲观者缺乏的，往往不是能力，而是自信。他们往往低估了自己的实力，认为自己做不来。记住一句话：你说行就行。事情摆在面前时，如果你的第一反应是我行，我能做，那么你就会付出自己最大的努力去面对它。同时，你知道这样继续下去的结果是那么诱人，当你全身心投入之后，最后你会发现你真的做到了；反之，如果认为自己不行，自己的行为就会受到这个意念的影响，从而失去太多本该珍惜的好机会。因为你一开始就认为自己不行，最终失败了也会为自己找到合理的借口："瞧，当初我就是这么想的，果然不出我所料！"

8. 正确认识自己

对过去的成绩要做分析。自我评价不宜过高，要认识自己的缺点和弱点。充分认识自己的能力、素质和心理特点，要有实事求是的态度，不夸大自己的缺点，也不抹杀自己的长处，这样才能确立恰当的追求目标。特别要注意对缺陷的弥补和优点的发扬，将自卑的压力变为发挥优势的动力，从自卑中超越。

9. 客观全面地看待事物

具有自卑心理的人，总是过多地看重自己不利、消极的一面,而看不到有利、积极的一面,缺乏客观全面地分析事物的能力和信心。这就要求我们努力提高自己透过现象抓本质的能力,客观地分析对自己有利和不利的因素,尤其要看到自己的长处和潜力,而不是妄自嗟叹、妄自菲薄。

10. 积极与人交往

不要总认为别人看不起你而离群索居。你自己瞧得起自己,别人也不会轻易小看你。能否从良好的人际关系中得到激励,关键还在自己。要有意识地在与周围人的交往中学习别人的长处,发挥自己的优点,多从群体活动中培养自己的能力,这样可预防因孤陋寡闻而产生的畏缩躲闪的自卑感。

11. 在积极进取中弥补自身的不足

有自卑心理的人大都比较敏感,容易接受外界的消极暗示,从而愈发陷入自卑中不能自拔。而如果能正确对待自身缺点,把压力变动力,奋发向上,就会取得一定的成绩,从而增强自信,摆脱自卑。

悲观是人生最黑暗的深渊

悲观成习的人与"马大哈"性格的人截然相反。他没学到"马大哈"对人对己的办法,不会得过且过,也不能对人对己都马马虎虎,相反,处事谨慎,处处提防自己行为不要出格。一旦有了行为的失检，总是害怕大难临头。同时，悲观的人也有很强的"良心"自监力，即使没有什么严重后果，他也绝不饶恕自己。

人们都经历过一些小的失意，有人遇到这些失意时，觉得世间一切都不尽如人意，忧郁不安，悲观自怜，结果更加失意，以致失去了人生的幸福和欢乐。正确方法应是寻找产生沮丧悲观心理的原因，对症下药，寻求解决问题的良好途径。

改变悲观心理的一个办法是，避免老是看到自己的不足，而应突出自己的优势，重视自己的优势。随着积极思维自然而然地增加，消极思维自然就会减少了。突出优势的另一方面是最大限度地削弱失败的影响。尽管无法避免偶尔的失败，但是你可以控制失败对自己的影响，承认失败只是生活中的一部分，会使自己情绪好一些。过分强调失败，只会降低自信，使自己处于沮丧之中。

在工作和家庭环境没法改变的时候，"积极想象法"会使你对生活更乐观。你可以想象自己做了一些想做的事后，度过了一段非常愉快美好的日子。要知道，任何事情在想象中都是可能的。当你打算参加某项活动而又心存恐惧时，就对自己说："我能做好这件事，我比别人更善于控制自己的情绪。"这种语言暗示法的好处是你对自己所说的话语往往能影响你的自我感觉，明显改善沮丧情绪。

多数沮丧悲观者对未来的担忧，正为自己建立了越来越狭窄、有限的世界；假如你做些与他人合作的工作，受到他人的约束，你就得考虑自己以外的事情，生活也就会出现新的意义。愉快的社交活动对人们情绪的影响是任何一项奖赏都不能比拟的。当人们掌握了处理人际关系的技巧后，自重感增加，也会慢慢地赶走沮丧心情。

一个沮丧悲观的人老待在屋子里，便会产生禁锢的感觉。然而，当他离开屋子，漫步在林荫大道，就会发现心绪突然变了，怒气和沮丧也消失了，心中充满了宁静，自然的色彩给人带来阵阵快意。另外，任何一种体育锻炼都有助于克服沮丧，经常参加体育锻炼会使人精神振奋，避免消极地生活下去。

因此，转换自己的悲观情绪，其实并不难。

人类的所有行为，无论是乐观，还是悲观，都是"学"得的。因而悲观者的悲观性格，并非"命中注定"，而是"后天养成"的。悲观者可以力强而至，学成乐观。

那么，会有一些什么样的具体的办法能真正帮助我们正确地克服悲观性格所带来的负面影响呢？办法当然还是有的，当我们遭遇到失败或挫折而沮丧时，不妨试试下面这几招：

（1）越担惊受怕，就越遭灾祸。因此，一定要懂得积极心态所带来的力量，要相信希望和乐观能引导你走向胜利。

（2）即使处境危难，也要寻找积极因素。这样，你就不会放弃取得微小胜利的努力。你越乐观，克服困难的勇气就越会倍增。

（3）以幽默的态度来接受现实中的失败。有幽默感的人，才有能力轻松地克服厄运，排除随之而来的倒霉念头。

（4）既不要被逆境困扰，也不要幻想出现奇迹，要脚踏实地，坚持不懈，全力以赴去争取胜利。

（5）不要把悲观作为保护你失望情绪的缓冲器。乐观是希望之花，能赐人以力量。

（6）当你失败时，你要想到你曾经多次获得过成功，这才是值得庆幸的。如果10个问题，你做对了5个，那么还是完全有理由庆祝一番，因为你已经成功地解决了5个问题。

（7）在闲暇时间，你要努力接近乐观的人，观察他们的行为。通过观察，你能培养起乐观的态度，乐观的火种会慢慢地在你内心点燃。

（8）要知道，悲观不是天生的。就像人类的其他态度一样，悲观不但可以减轻，而且通过努力还能转变成一种新的态度——乐观。

（9）如果乐观态度使你成功地克服了困难，那么你就应该相信这样的结论：乐观是成功之源。

别让自负提前注定了你的失败

"谦虚使人进步，骄傲使人落后。"在人生的道路上，狂傲自负很多时候会使人迷失方向，举步不前。

一个骄傲自负的人常会认为,一件事情如果没有了他,人们就不知该怎么办了。但实际上,这样的人总避免不了失败的命运,因为一骄傲,他们就会失去为人处世的准绳,结果总是在骄傲里毁灭了自己。

每个人总是把自己看得很重要,但事实上,少了他,事情往往可以做得一样好。所以,自大的人历来就是成事不足、败事有余。你要切记这样一个道理:自大是失败的前兆。

自大往往不是空穴来风,自大的人总有一些突出的特长。这些突出的特长,使他们较之别人有一种优越感。这种优越感累积到一定程度,便使人目空一切,不知天高地厚。深究其原因,大致可以归纳为以下几点:

1. 过分娇宠的家庭教育

家庭教育是一个人自负心理产生的第一根源。对于青少年来说,他们的自我评价首先取决于周围的人对他们的看法,家庭则是他们自我评价的第一参考系。父母宠爱、夸赞、表扬,会使他们觉得自己"相当了不起"。

2. 生活中的一帆风顺

人的认识来源于经验,生活中遭受过许多挫折和打击的人,很少有自负的心理,而生活中一帆风顺的人,则很容易养成自负的性格。现在的中学生大多是独生子女,是父母的掌上明珠,如果他们在学校出类拔萃,老师又宠爱他们,就易滋生自信、自傲和自负的个性。

3. 片面的自我认识

自负者缩小自己的短处，夸大自己的长处。缺乏自知之明，对自己的能力估价过高，对别人的能力评价过低，自然产生自负心理。这种人往往好大喜功，取得一点小小的成绩就认为自己了不起，成功归因于自己的主观努力，失败归咎于客观条件的不合作，过分的自恋和自我中心，把自己的举手投足都看得与众不同。

4. 情感上的原因

一些人的自尊心特别强烈，为了保护自尊心，在挫折面前，常常会产生两种既相反又相通的自我保护心理。一种是自卑心理，通过自我隔绝，避免自尊心的进一步受损；另一种就是自负心理，通过自我放大，获得自信不足的补偿。例如，一些家庭经济条件不太好的学生，生怕被经济条件优越的同学看不起，便会假装清高，表面上摆出看不起这些同学的样子。这种自负心理是自尊心过分敏感的表现。

一个人不知道并不可怕——人不可能什么都知道，但可怕的是不知道而假装知道，知道一点就以为什么都知道。这样的人就永远不会进步，就像老爱欣赏自己脚印的人，只会在原地绕圈子。

当然，自负并非不可克服，只要我们自己努力并加上正确的方法，就肯定没有任何问题：

首先，接受批评是根治自负的最佳办法。自负者的致命弱点是不愿意改变自己的态度或接受别人的观点,虚心接受批评即是针对这一弱点提出的改进方法。它并不是让自负者完全服从于他人,只是要求他们能够接受别人的正确观点,通过接受别人的批评,改变过去固执己见、唯我独尊的形象。

其次,与人平等相处。自负者视自己为上帝,无论在观念上还是在行动上都无理地要求别人服从自己。平等相处就是要求自负者以一个普通社会成员的身份与别人平等交往。

再次,提高自我认识。要全面地认识自我,既要看到自己的优点和长处,又要看到自己的缺点和不足,不可一叶障目,不见泰山。抓住一点不放,未免失之偏颇。认识自我不能孤立地去评价,应该放在社会中去考察,每个人生活在世上都有自己的独到之处,都有他人所不及的地方,同时又有不如人的地方,与人比较不能总拿自己的长处去比别人的不足,把别人看得一无是处。

最后,要以发展的眼光看待自负,既要看到自己的过去,又要看到自己的现在和将来,辉煌的过去只能说明曾经你是个英雄,它并不代表着现在,更不预示着将来。

有一个成语叫"虚怀若谷",意思是说,胸怀要像山谷一样。这是形容谦虚的一种很恰当的说法。只有空,才能容得下东西,而自满,除了你自己之外,容不下任何东西。

生活中,我们常常不自觉地把自己变成一个注满水的杯子,容不下其他的东西。因而,学会把自己的意念先放下来,以虚心的态度去倾听和学习，你会发现大师就在眼前。

多疑是躲在人性背后的阴影

有一则寓言，说的是"疑人偷斧"的故事：一个人丢失了斧头，怀疑是邻居的儿子偷的。从这个假想目标出发，他观察邻居儿子的言谈举止、神色仪态，无一不是偷斧的样子，思索的结果进一步巩固和强化了原先的假想目标，他断定贼非邻子莫属了。可是，不久他在山谷里找到了斧头，再看那个邻居的儿子，竟然一点也不像偷斧者。

这个人从一开始就先下了一个结论，然后自己走进了猜疑的死胡同。由此看来，猜疑一般总是从某一假想目标开始，最后又回到假想目标，就像一个圆圈一样，越画越大，越画越圆。最典型的恐怕就是上面这个例子了。现实生活中猜疑心理的产生和发展，几乎都同这种作茧自缚的封闭思路主宰了正常思维密切相关。

猜疑似一条无形的绳索，会捆绑我们的思路，使我们远离朋友。如果猜疑心过重的话，就会因一些可能根本没有或不会发生的事而忧愁烦恼、郁郁寡欢；猜疑者常常嫉妒心重，比较狭隘，因而不能更好地与身边的人交流，其结果可能是无法结交到朋友，变得孤独寂寞，导致对身心健康造成危害。

疑心重重，戴着有色眼镜看人，甚至毫无根据地猜疑他人的人，在猜疑心的作用下，会把被猜疑的人的一言一行都罩上可疑的色彩，即所谓"疑心生暗鬼"。有些人疑心病较重，乃至形成惯性思维，导致心理变态。一个人如果心胸过于狭窄，对同事、朋友乃至家人无端猜疑，不但会影响工作、影响人际关系、影响家庭和睦，还会影响自己的心理健康。

猜疑是建立在猜测基础之上的，这种猜测往往缺乏事实根据，只是根据自己的主观臆断毫无逻辑地去推测、怀疑别人的言行。猜疑的人往往对别人的一言一行都很敏感，喜欢分析深藏的动机和目的，看到别的同学悄悄议论就疑心是在说自己的坏话，见别人学习过于用功就疑心他有不良企图。好猜疑的人最终会陷入作茧自缚、自寻烦恼的困境中，结果导致自己的人际关系紧张，失去他人的信任，挫伤他人和自己的感情，对心理健康是极大的危害。为此英国思想家培根曾说过："猜疑之心如蝙蝠，它总是在黄昏中起飞。这种心情是迷惑人的，又是乱人心智的。它能使你陷入迷惘，混淆敌友，从而破坏人的事业。"因此，消除猜疑之心是保持心理健康的方法之一。

怎样矫正自己的猜疑心理呢？

1. 自信最重要

相信自己，相信他人。即在自己的心理天平上增加"自信"和"他信"这两个砝码。首先是"自信"。"自疑不信人，自信不疑人"。猜疑心理大多源于缺少自信。其次是"他信"，即相信别人，不要对别人抱偏见或者是成见。当你怀疑别人的时候，一定要想想如果别人也这样怀疑你，你会是什么样的感受。这样去将心比心，换位思考就能真正去信任别人了。

注意调查研究。俗话说："耳听为虚，眼见为实。"不能听到别人说什么就产生怀疑，不要听信小人的谗言，不能轻信他人的挑拨。要以眼见的事实为据。况且，有时眼见的未必是实。因此，一定要注重调查研究，一切结论应产生于调查的结果。否则就会被成见和偏见蒙住眼睛，钻进主观臆想的死胡同出不来。

2. 坚持"责己严，待人宽"的原则

猜疑心重的人，大多对自己的要求不严、不高，对别人的要求倒多少有些苛刻，总是要求别人做到什么程度，不去想一想自己做是否做得到。因此克服疑心病必须从严格要求自己做起，不要对别人有过高的要求，更不要因为别人达不到，就认为人家存在问题，那样必然会妨碍你对别人的信任。因此，坚持宽以待人、严于律己的原则，这也是克服猜疑心的一条重要途径。

3. 采取积极的暗示，为自己准备一面镜子

平时，不要总想着自己，想着别人都盯着自己。而要对自己说，并没有人特别注意我，就像我不议论别人一样，别人也不会轻易议论我。而且，只要自己行得正，站得直，又何必怕别人议论呢？有时不妨采用自我安慰的"精神胜利法"，别人说了我又能如何呢？只要自己认为，或者感觉到绝大多数人认为我是对的，我的行为是对的就可以了，这样，疑心自然就会越来越小了。

4. 抛开陈腐偏见

记得一位哲人说过:"偏见可以定义为缺乏正当充足的理由,而把别人想得很坏。"一个人对他人的偏见越多,就越容易产生猜疑心理。我们应抛开陈腐偏见,不要过于相信自己的印象,不要以自己头脑里固有的标准去衡量他人、推断他人。要善于用自己的眼睛去看,用自己的耳朵去听,用自己的头脑去思考。必要时应调换位置,站在别人的立场上多想想。这样,我们就能舍弃"小人"而做君子。

5. 及时开诚布公

猜疑往往是彼此缺乏交流,人为设置心理障碍的结果,也可能是由于误会或有人搬弄是非造成的,因此一旦出现猜疑,与其自己去猜,不如开诚布公地和对方谈一谈,这样才能消除疑云,才能彻底解决问题。

依赖只能把你变为别人的附属

这类人一般很幼稚、顺从,但却常怀疑自己可能被拒绝,在任何方面都很少表现出积极性,显得缺乏对生活的信心和力量。由于这种人缺乏基本应付生活的能力,所以一般很难适应新的环境和生活,需要逐步引向独立。

依赖型人格一般发源于幼年时期。幼年时期儿童离开母亲就不能生存，在儿童印象中保护他、养育他、满足他一切需要的母亲是万能的，他们必须依赖她，总是怕失去这个保护神。

这时如果父母过分地溺爱其子女，或者因内疚、负罪感而超乎常理地爱护其子女，或者因在社会生活中的自卑感而特别宠护其子女，以此来获得子女的爱戴、尊敬，满足其自尊心，那就只会鼓励子女依赖父母，使他们没有长大和自立的机会。

久而久之，在子女的心目中就会逐渐产生对父母或权威的依赖心理，成年以后依然不能自己做主，总是依靠他人来做决定，缺乏自信心，终身不能负担起选择及果断处理各项事件的责任，成为依赖型人格。

具有依赖型人格的人一般十分温顺、听话，可能会引起人们的好感。但不久，这种黏着性依赖就令人厌烦，因此他们很难处理好人际关系。依赖型人格常缺乏自信，显得悲观、被动、消极，在人际关系中总处在被动位置。

从心理学角度看，依赖心理是一种习以为常的生活选择。当你选择依赖时，就会使你失去独立的人格，变得脆弱、无主见，成为被别人主宰的可怜虫。

然而，依赖心理也并非是一种顽症，而是可以逐步克服的。树立独立的人格，培养独立的生存能力，是克服依赖心理的首选目标。

树立独立的人格，培养自主的行为习惯，一切自己动手，自然就与依赖无缘了。对于已经养成依赖心理的人来说，那就要用坚强的意志来约束自己，无论做什么事都有意识地不依赖父母或其他的人，同时自己要开动脑筋，把要做的事的得失利弊考虑清楚，心里就有了处理事情的主心骨，也就敢于独立处理事情了。

树立人生的使命感和责任感。一些没有使命感和责任感的人，生活懒散，消极被动，常常跌入依赖的泥坑。而具有使命感和责任感的人，都有一种实现抱负的雄心壮志。他们对自己要求严格，做事认真，不敷衍了事、马虎草率，具有一种主人翁精神。这种精神是与依赖心理相悖逆的。选择了这种精神，你就选择了自我的主体意识，就会因依赖他人而感到羞耻。

要培养独立生存能力，不妨单独地或与不熟悉的人一起办一些事或做短期外出旅游。这样做的目的，是为了锻炼独立处事能力。

自己单独地办一件事，完全不依赖别人，无论办成或办不成，对你都是一种人格的锻炼。与不熟悉的人外出旅游，由于不熟悉，出于自尊心，你不会依赖他人，事事都得自己筹划，这无形之中就抑制了你的依赖心理，促使你选择自力更生，有利于你独立的人生品格的培养。要克服依赖心理，可从以下几个方面出招：

（1）要充分认识到依赖心理的危害。要纠正平时养成的习惯，提高自己的动手能力，多向独立性强的人学习，不要什么事情都指望别人，遇到问题要做出属于自己的选择和判断，加强自主性和创造性。学会独立地思考问题。独立的人格要求独立的思维能力。

（2）要在生活中树立行动的勇气，恢复自信心。自己能做的事一定要自己做，自己没做过的事要去锻炼。正确地评价自己。

（3）丰富自己的生活内容，培养独立的生活能力。在学校中主动要求担任一些班级工作，以增强主人翁的意识。使我们有机会去面对问题，能够独立地拿主意，想办法，增强自己独立的信心。

（4）多向独立性强的人学习。多与独立性较强的人交往，观察他们是如何独立处理自己的一些问题的，向他们学习。同伴良好的榜样作用可以激发我们的独立意识，改掉依赖这一不良性格。

贪婪是你永远无法填满的无底洞

贪婪指贪得无厌，即对与自己的力量不相称的事物的过分的欲求。它是一种病态心理，与正常的欲望相比，贪婪没有满足的时候，反而是愈满足，胃口就越大。

贪婪心理的成因可从客观与主观两个方面来分析。

客观原因：投机心理。它宣扬的不是勤劳致富而是谋取不义之财。受这种观念的影响，社会上确有一些不务正业，靠贪污、行骗过活的不法分子。

贪婪并非遗传所致,是个人在后天社会环境中受病态文化的影响,形成自私、攫取、不满足的价值观而出现的不正常的行为表现。

这一点,在那些沦为腐败分子的身上体现得较为典型。一般而言,贪婪心理的形成主要有以下几个方面的原因:

1. 错误的价值观念

贪婪的人认为,社会是为自己而存在,天下之物皆为自己拥有。这种人存在极端的个人主义,是永远不会满足的。

2. 行为的强化作用

有贪婪之心的人,初次伸出黑手时,多有惧怕心理,一怕引起公愤,二怕被捉。一旦得手,便喜上心头,屡屡尝到甜头后,胆子就越来越大。每一次侥幸过关对他都是一种条件刺激,不断强化着那颗贪婪的心。

3. 攀比心理

有些人原本也是清白之人。但是看到原来与自己境况差不多的同事、同学、战友、邻居、朋友、亲戚、下属、小辈,甚至原来那些与自己相比各种条件差得远的人都发了财,心里就不平衡了,觉得自己活得太冤枉。由此生出一股贪婪之念,也学着伸出了贪婪的双手。

4. 补偿心理

有些人原来家境贫寒,或者生活中有一段坎坷的经历,便觉得社会对自己不公平。一旦其地位、身份上升,就会利用手中的权力向社会索取不义之财，以补偿以往的不足。

5. 侥幸心理

这种心态导致犯罪分子自我欺骗，我行我素，随着作案次数的增多，胆子越来越大，因而越陷越深。

6. 盲从心理

有些人认为，"大家都这样，我也应该这样"，从而形成盲从的心理。

7. 功利心理

一些人把市场经济看成金钱社会，拜金成为他们的信条；一些人有失落感，认为"今天这个样，明天变个样，不知将来怎么样"；一些人滋长了占有欲，把市场等价交换原则引入工作中，从而引发种种以权谋私、权钱交易。

8. 虚荣心理

虚荣心理在很多时候是贪婪产生的原因。

贪婪是一种过分的欲望。贪婪者往往超越社会发展水平，践踏社会规范，疯狂地向社会及他人攫取财物，给社会带来了极大的危害。若欲改正，是可以自我调适的，具体方法如下：

1. 自我反思法

自己在纸上连续20次用笔回答"我喜欢……"这个问题。回答时应不假思索，限时20秒钟，待全部写下后，再逐一分析哪些是合理的欲望，哪些是超出能力的过分的欲望，这样就可明确贪婪的对象与范围，最后针对造成贪婪心理的原因与危害，自己做较深层的分析。分析自己贪婪的原因是有攀比、补偿、侥幸的心理呢，还是缺乏正确的人生观、价值观。分析清楚后，便下决心，堂堂正正做人，改掉贪婪的恶习。

2. 格言自警法

古往今来，仁人贤士对贪婪之人是非常鄙视的，他们撰文作诗，鞭挞或讽刺那些索取不义之财的行为。想消除贪婪心理的人，应牢记那些诗文和名言，朝夕自警。

3. 知足常乐法

一个人对生活的期望不能过高。虽然谁都会有些需求与欲望，但这要与本人的能力及社会条件相符合。每个人的生活有欢乐，也有缺失，不能搞攀比。

心理调适的最好办法就是做到知足常乐，"知足"便不会有非分之想，"常乐"也就能保持心理平衡了。

自私的人没有朋友的同时也丢失了自己

自私的人心里永远只有自己，也只顾及自己的利益，容不得自己的利益有一丝一毫的损害，为了自己的利益可以去损害他人、集体、国家的利益，甚至不择手段地去获取。

我们说，私欲是一切生物的共性，所不同的是其他生物的私欲是有限的，人的私欲是无限的。正因为如此，人的不合理的私欲必须要受到社会公理、道义、法律的制约，否则这个社会就不是正常的社会。作为一个人，他的内心信守一种普遍的道德、法律的同时也有私心杂念，这是不矛盾的。如果人心中全是私心杂念，无崇高的道德理念，人就不再是人而和动物没什么区别。

自私是一种近似本能的欲望，处于一个人的心灵深处。人有许多需求，如生理的需求、物质的需求、精神的需求、社会的需求等。需求是人的行为的原始推动力，人的许多行为就是为了满足需求。

但是，需求要受到社会规范、道德伦理、法律法令的制约，不顾社会历史条件，一味想满足自己的各种私欲的人，就是具有自私心理的人。自私之心隐藏在个人的需求结构之中，是深层次的心理活动。

正因为自私心理潜藏较深，它的存在与表现便常常不为个人所意识到。有自私行为的人并非已经意识到他在干一件自私的事，相反他在侵占别人利益时往往心安理得。

自私的原因可从客观与主观两个方面来分析。从客观方面看，由于各种复杂的原因，各项资源的数量、种类、方式在占有和配置方面，还存在一些不平衡、不合理之处。

从主观方面看，个人的需求若脱离了社会规范，人就可能倾向于自私。自私自利的人往往是自我敏感性极高，以自我为中心，对社会对他人极度依赖，并无休止地索取，而不具备社会价值取向（对他人与社会缺乏责任感）的人。

凡自私的人，都抱有病态心理，这些心态逐渐变成了一种畸形心态。

自私导致腐败，导致极端的个人主义，导致社会丑恶现象的出现，它使得社会风气败坏，是违法违纪的根源。

自私之心是万恶之源，贪婪、嫉妒、报复、吝啬、虚荣等病态社会心理从根本上讲都是自私的表现。

因此，我们更应该充分发挥个人的主观能动性来克服自私的性格，可以用以下方式加以调试：

1. 内省法

这是构造心理学派主张的方法，是指通过内省，即用自我观察的陈述方法来研究自身的心理现象。自私常常是一种下意识的心理倾向，要克服自私心理，就要经常对自己的心态与行为进行自我观察。观察时要有一定的客观标准，这些标准有社会公德与社会规范和榜样等。加强学习，更新观念，强化社会价值取向，对照榜样与规范找差距，并从自己自私行为的不良后果中看危害找问题，总结改正错误的方式方法。

2. 多做利他的事情

一个想要改正自私心态的人，不妨多做些利他的事情。例如，关心和帮助他人、给希望工程捐款、为他人排忧解难等。私心很重的人，可以从让座、借东西给他人这些小事情做起，多做好事，可在行为中纠正过去那些不正常的心态，从他人的赞许中得到利他的乐趣，使自己的灵魂得到净化。

3. 回避训练

这是心理学上以操作性反射原理为基础，以负强化为手段而进行的一种训练方法。通俗地说，凡下决心改正自私心态的人，只要意识到自己有自私的念头或行为，就可用缚在手腕上的一根橡皮筋弹击自己，从痛觉中意识到自私是不好的，促使自己纠正。

4. 学会节制

私欲这种东西，能否连根铲除呢？不能。世界上还没有这种一劳永逸的良方。如何防止私欲的发作呢？有人说，只能节制。苏东坡给自己立下一条规矩："苟非吾之所有，虽一毫而莫取。"他给自己定下明确的原则：君子爱财，取之有道；不义之财，分文不取。有了这一条，对遏止自己的自私心理较为有效。

走出自闭的牢笼，寻求真正的自由

自我封闭是指个人将自己与外界隔绝开来，很少或根本没有社交活动，除了必要的工作、学习、购物以外，大部分时间将自己关在家里，不与他人来往。自我封闭者都很孤独，没有朋友，甚至害怕社交活动。自我封闭的心理现象在各个年龄层次都可能产生。儿童有电视幽闭症，青少年有因羞涩引起的恐人症、社交恐惧心理，中年人有社交厌倦心理，老年人有因子女成家和配偶去世而引起的自我封闭心态。

有封闭心态的人不愿与人沟通，很少与人讲话，不是无话可说，而是害怕或讨厌与人交谈，前者属于被动型，后者属于主动型。他们只愿意与自己交谈，如写日记、撰文咏诗，以表志向。自我封闭行为与生活挫折有关，有些人在生活、事业上遭到挫折与打击后，精神上受到压抑，对周围环境逐渐变得敏感，变得不可接受，于是出现回避社交的行为。

自我封闭心理实质上是一种心理防御机制。由于个人在生活及成长过程中常常可能遇到一些挫折，这些挫折引起个人的焦虑。有些人抗挫折的能力较差，使得焦虑越积越多，他只能以自我封闭的方式来回避环境，降低挫折感。

自我封闭心理与人格发展的某些偏差有因果关系。从儿童来讲，如果父母管教太严，儿童便不能建立自信心，宁愿在家看电视，也不愿外出活动。从青少年来讲，同一性危机是产生自我封闭心理的重要原因。该危机是青年企图重新认识自己在社会中的地位和作用而产生的自我意识的混乱，即指青年人在向各种社会角色学习技能与为人处世策略时所产生的自我意识的混乱。如果他没有掌握这些技能与策略，就意味着他没有获得自信心以进入某种社会角色，他不认识自己是谁，该做些什么，如何与他人相处。于是，他就没有发展出与别人共同劳动和与他人亲近的能力，而退回到自己的小天地里，不与别人有密切的往来，这样就出现了孤单与孤立。

自闭的人往往有些孤独。生活中犯过一些"小错误"，由于道德观念太强烈，导致自责自贬，自己做错了事，就看不起自己，贬低自己，甚至辱骂讨厌摒弃自己，总觉得别人在责怪自己，于是深居简出，与世隔绝。有些人十分注重个人形象的好坏，总是觉得自己长得丑。这种自我暗示，使得他们非常注意别人的评价，甚至别人的目光，最后干脆拒绝与人来往。有些人由于幼年时期受到过多的保护或管制，他们内心比较脆弱，自信心很低，只要有人一说点什么，就乱对号入座，心里紧张起来。

自闭总是给我们的生活和人生带来无法摆脱的沉重的阴影，让我们关闭自己情感的大门，没有交流和沟通的心灵只能是一片死寂。因此，一定要打开自己的心门，并且从现在开始。

自闭的人，需要改变自己。

首先，要乐于接受自己，有时不妨将成功归因于自己，把失败归结于外部因素，不在乎别人说三道四，"走自己的路"，乐于接受自己。

其次，要提高对社会交往与开放自我的认识。交往能使人的思维能力和生活功能逐步提高并得到完善；交往能使人的思想观念保持新陈代谢；交往能丰富人的情感，维护人的心理健康。一个人的发展高度，决定于自我开放、自我表现的程度。克服孤独感，就要把自己向交往对象开放。既要了解他人，又要让他人了解自己，在社会交往中确认自己的价值，实现人生的目标，成为生活的强者。

再次，要顺其自然地去生活。不要为一件事没按计划进行而烦恼，不要对某一次待人接物做得不够周全而自怨自艾。如果你对每件事都精心对待以求万无一失的话，你就不知不觉地把自己的感情紧紧封闭起来了。

应该重视生活中偶然的灵感和乐趣，快乐是人生的一个重要标准。有时让自己高兴一下就行，不要整日为了目的，为解决一项难题而奔忙。

最后，不要为真实的感情刻意去梳妆打扮。如果你和你的挚友分离在即，你就让即将涌出的泪水流下来，而不要躲到盥洗室去。为了怕别人道短而把自己身上最有价值的一部分掩饰起来，这种做法没有任何意义。

生活中许许多多的事都是这样，遵从你的心，听取你心灵的声音，如巴鲁克教授所说，这样即使做错了事，我们也不会太难过。

暴躁的性格是发生不幸的导火索

一个人性格暴躁的最直接表现就是非常容易愤怒，愤怒是一种很常见的情绪，特别是年轻人，比如，血气方刚的小伙子。他们往往三两句话不对，或为了一点小事情就大打出手，造成十分严重的后果。

其实，愤怒是一种很正常的情绪，它本身不是什么问题，但如何表达愤怒则易出问题。有效地表达愤怒会提高我们的自尊感,使我们在自己的生存受到威胁的时候能勇敢地战斗。

脾气暴躁,经常发火,不仅是强化诱发心脏病的致病因素,而且会增加患其他病的可能性,它是一种典型的慢性自杀。因此为了确保自己的身心健康,必须学会控制自己,克服爱发脾气的坏毛病。

能否有效地抑制生气和不友好的情绪,使自己更融于他人呢?这主要在于自己的修养和来自亲人及朋友的帮助与劝慰。实验证明:在行为方式有所改善的人中,死亡率和心脏病复发率会大大下降。为了控制或减少发火的次数和强度,必须对自己进行意识控制。当愤愤不已的情绪即将爆发时,要用意识控制自己,提醒自己应当保持理性,还可进行自我暗示:"别发火,发火会伤身体。"有涵养的人一般能控制住自己。同时,及时了解自己的情绪,还可向他人求得帮助,使自己遇事能够有效地克制愤怒。只要有决心和信心,再加上他人对你的支持、配合与监督,你的目标一定会达到。

一般来说,性格暴躁的人都有如下的一些表现:

(1)情绪不稳定。他们往往容易激动。别人的一点友好的表示,他们就会将其视为知己;而话不投机,就会怒不可遏。

(2)多疑,不信任他人。暴躁的人往往很敏感,对别人无意识的动作,或轻微的失误,都看成是对他们极大的冒犯。

(3)自尊心脆弱,怕被否定,以愤怒作为保护自己的方式。有的人希望和别人交朋友,而别人让他失望了,他就给人家强烈的羞辱,以挽回自己的自尊心。这同时也就永远失去了和这个人亲近的机会。

（4）不安全感强，怕失去。

（5）从小受娇惯，一贯任性，不受约束，随心所欲。

（6）以愤怒作为表达情感的方式。有的人从小父母的教育模式就是打骂，所以他也学会了用拳头作为表达情绪的唯一方式。甚至有时候，愤怒是表达爱的一种方式。

（7）将别处受到的挫折和不满情绪发泄在无辜的人身上。

应当说，性格是一个人文化素养的体现。大凡有文化、有知识、有修养者，往往待人彬彬有礼，遇事深思熟虑，冷静处置，依法依规行事，是不会轻易动肝火的。而大发脾气者，大多是缺乏文化底蕴的人，他们似干柴般的暴躁性格，遇火便着，任凭自己的性情脱缰奔驰，直至撞墙碰壁，头破血流，惹出事端。

所以，总是易暴躁的人，提高自己的素质修养刻不容缓。

下面的八条措施将帮助你完成改变暴躁性格这一心理、生理转变过程，臻于性格的完善。

1. 承认自己存在的问题

请告诉你的配偶和亲朋好友，你承认自己以往爱发脾气，决心今后加以改进。要求他们对你支持、配合和督促，这样有利于你逐步达到目的。

2. 保持清醒

当愤愤不已的情绪在你脑海中翻腾时，要立刻提醒自己保持理性，你才能避免愤怒情绪的爆发，恢复清醒和理性。

3. 推己及人

把自己摆到别人的位置上,你也许就容易理解对方的观点与举动了。在大多数场合,一旦将心比心,你的满腔怒气就会烟消云散,至少觉得没有理由迁怒于人。

4. 诙谐自嘲

在那种很可能一触即发的危险关头,你还可以用自嘲从危机中解脱出来。"我怎么啦?像个3岁小孩,这么小肚鸡肠!"幽默是卸掉发脾气的毛病的最好手段。

5. 训练信任

开始时不妨寻找信赖他人的机会。事实会证明:你不必设法控制任何东西,也会生活得很顺当。这种认识不就是一种意外收获吗?

6. 反应得体

受到残酷虐待时,任何正常的人都会怒火中烧。但是无论发生了什么事,都不可放肆地大骂出口。而要心平气和、不抱成见地让对方明白,他的言行错在哪儿,为何错了。这种办法给对方提供了一个机会,在不受伤害的情况下改弦更张。

7. 贵在宽容

学会宽容,放弃怨恨和报复,你随后就会发现,愤怒的包袱从双肩卸下来,显然会帮助你放弃错误的冲动。

8. 立即开始

爱发脾气的人常常说:"我过去经常发火,自从得了心脏病,我认识到以前那些激怒我的理由，根本不值得大动肝火。"请不要等到患上心脏病才想到要克服爱发脾气的毛病，从今天开始修身养性不是更好吗？

一位哲人如是说："谁自诩为脾气暴躁，谁便承认了自己是言行粗野、不计后果者，亦是没有学识、缺乏修养之人。"细细品味，煞是有理。"腹有诗书气自华。"愿我们都能远离暴躁脾气，做一个有知识、有文化、有修养的人。

能够自我控制是人与动物的最大区别之一。所以脾气虽与生俱来，但可以调控。多学习，用知识武装头脑，是调节脾气的最佳途径。知识丰富了，修养提高了，法纪观念增强了，脾气这匹烈马就会被紧紧牵住，无法脱缰招惹是非。甚至刚刚露头，即被"后果不良"的意识所制约，最终把上蹿的脾气压下，把不良后果消灭在萌芽状态。

第四章
DI SI ZHANG

想要改变命运,就从完善性格开始

性格的发展状态不是一成不变的

人的性格并不是一朝一夕形成的，但一经形成就比较稳定，并且贯穿于他的全部行动之中。人的性格不仅在类似情境中，甚至在不同的情境中都会表现出来。因此，个体一时性的偶然表现不能认为是他的性格特征。例如，一个人经常表现得很勇敢，偶尔表现出怯懦，那么不能认为他具有怯懦的性格特征，他的性格特征是勇敢。又如，一个人在某种特殊的情况下，一反机敏的常态，表现为呆板，那么不能认为呆板是他的性格特征，他的性格特征是机敏。性格是在主体与客体的相互作用过程中形成的，同时又在主体与客体的相互作用过程中发生缓慢的变化。

性格虽然是稳定的，但又不是一成不变的。例如，一个在家中被过分溺爱的孩子，养成了一些不良的性格特征，但进入托儿所或幼儿园后，过的是集体生活，接受良好的教育，不良性格特征可以逐渐得到改变。又如，生活中遭受的重大挫折可以使人的性格发生变化。性格的变化在很大程度上又取决于个人的主观努力。一般地说，儿童性格容易受环境影响，而成人性格趋于稳定，不易受环境影响，但成人可以通过主动的自我调节来塑造自己的良好性格特征，克服不良的性格特征。

有人认为性格与遗传因素有关系，这脾气打生下来就有，改不了了，其实不尽然。

日本学者长谷川洋三认为，通过行为可以改变性格。要培养人们尤其是儿童良好的行为，以此帮助他们改变性格上的弱点；孩子幼小时是培养良好性格的黄金时期，我们应该在日常生活中培养其良好的性格。

性格是童年期慢慢塑造出来的，心理学家做过"情感剥夺实验"：把一同生下的小猴子分成两组，一组放在铁笼子里，用奶喂养，什么也没有；另一组给它们用长毛绒做了个假妈妈，吃完奶它们可以在假妈妈身上玩。实验结果表明，小猴子慢慢长大后，没有假妈妈的这一组胆子比较小，反应暴躁，不合群，不好与人接近；有假妈妈的这一组正好相反，不胆小，合群，容易与人接近。这说明在婴幼时期特别是儿童时期剥夺了母爱就会使他们的性格扭曲，造成不好的行为和个性。情感剥夺实验说明在婴幼儿时期对孩子进行良好的心理环境的抚育对一个人形成良好的性格是很重要的。

其次，家庭中父母及其他成员对孩子性格的形成有很重要的影响。比如，一位母亲是强迫症患者，她有一对双胞胎，把孩子从幼儿园接回来，总是马上就给他们洗脸、洗脚，都洗完后，放在床上，不许下地，不让他们和邻居小孩子接触。她有洁癖，怕脏。强迫症是在完美性人格的基础上产生的，完美性人格在医学心理学中就是强迫性人格。这种人格的缺陷表现在爱思考、多疑、办事很守规矩，平常担心的时候多，放心的时候少，总有一种不安全感，办事求完美。所以这种性格如果再受到一些心理刺激，就很容易诱发强迫性神经官能症。如果从小用这种方式培养孩子，很可能导致孩子将来也成为强迫症患者。

性格在"定型"后也不是完全没有改变的可能。在20世纪60年代后期有一种理论——"预限理论"，认为刺激超过了预限的值以后就会使人的性格发生变化。孩子先天的个性、素质只是奠定了基础，孩子以后的发展道路是漫长的，和以后的生活经历也有关系。比如，一个孩子很胆小，不愿与人交往，后来的工作环境是在军队里，这是个集体，需要他与人交往，需要参加许多集体活动，甚至残酷的斗争，这样的环境就会使他变得坚强、开朗、豁达。又如一个很开朗的人，很爱笑的人，到了一个严密封锁的环境中，不许他和别人相处，最后，他也可能变成一个沉默寡言的人。所以环境影响着人的心理活动，同样也影响着性格的形成。生活、环境、时间都是改变性格的雕塑师。

事实上，在某种意义上性格不是一成不变的，例如随着年龄或情境的改变，人的性格会发生变化。性格没有优劣，只要提高能力、改善自身素质，去弥补性格某方面的缺点，就足以使我们成为无可挑剔的人。

性格难改，但并非不能改

"人的性格能不能被改变"是一个非常有价值的问题，好多人也都在为自己的性格缺陷而苦恼、困惑，那么，人的性格能不能被改变？

若要解开"性格之谜"，我们就必须对人的性格有一些了解。所谓人的性格，简单说，就是一个人的一整套习惯，包括情感或情绪习惯，以及思维习惯。比如，有的人习惯于发怒、有的人习惯于忧愁，这就是情感习惯；有的人习惯于多疑、有的人习惯于幻想，这就是思维习惯。我们平常就是凭借着这些情感和思维习惯，来判断别人的性格。比如，对于多疑的人，我们会说："他这个人，太偏激、太幼稚。"对于易怒的人，我们又会说："他呀，性格不好、脾气不好。"

其实，我们偶尔都会有发火或多疑的时候，但是，别人不会单凭着一个人的偶然表现来下断言，只有某种情绪、情感或思维屡次出现，成了这个人的特征、成了这个人一贯的表现和习惯，人们才会把它和一个人的性格联系在一起。所以，只有那些成了"习惯"的情感和思维，才能把它归于人的性格。

一个人在一生中，会形成很多习惯，或者说，人的习惯和性格会形成很多侧面，五花八门、丰富多彩，但是，每个人都有自己独特、占优势、起决定作用的习惯和人格。心理学把这种独特、占优势、起决定作用的人格，称作"主人格"或"核心人格"。像"大智若愚""含而不露""多愁善感""脆弱""乐观""忧郁""内向"或者"外向"，都是我们用来描述主人格或核心人格的词汇。当提起某人，我们首先联想到的有关他或她的特征，就是我们隐约感到的那个人的主人格。当我们谈到一个人的性格的时候，就是指这个人的主人格或核心人格。只有主人格，才是独一无二的、具有代表性和特征性的，能把一个人和其他人区别开的人格，也就是我们通常所说的一个人的性格。当我们评论某人"有性格"或"没性格"的时候，指的就是一个人的核心人格是否突出。

人的性格具有自动性特征，例如，有一种人，由于有强烈的劣等感的情感与思维习惯，不管见了谁，心里面马上就会自动想道："他一定讨厌我，我不如他，我必须低着头。"这些反应在见面的一瞬间，就已经形成了，虽然有时候其也会反省一下，甚至能够发现自己的感觉和判断是不符合现实的。但是，下次，其见到别人的时候，还是会迅即做出习惯了的自动反应。这就是人格的自动性特征。性格还有恒定性。比如，你可能有一位非常熟悉、非常要好的中学同学，在二十年后突然不期而遇，表面上，你发现他发生了很大变化，似乎感觉很陌生，可是如果真的有一天，你与他饮酒畅谈，你会发现，这位同窗好友，骨子里根本没有变化，只是服饰变了、地位变了、面具多了而已。当你把他的服饰、地位和面具统统剥光之后，你才会意识到"星星还是那颗星星、月亮还是那个月亮、性格还是那个性格、人依旧是那个人"。

人的性格，在遗传基础上，是在童年期由生存的人际环境塑造出来的，这个人格塑造和形成过程，从出生的时候开始，至5岁左右基本完成。确切地说，到了5岁左右，人格塑造已经基本上完成了80%，或者说到了5岁，一个人的人格已经基本定型，其余部分，要在以后的生活经历中，进一步补充和塑造。而且，5岁以后的影响，对于一个人的核心人格，已经无关大局了。也许，你现在才意识到，早在童年，我们的性格和与之紧密相连的命运，就已经基本确定了。一个孩子的性格，就是父母性格的拷贝和缩影。

人的性格一旦确立，就会恒定不变，自动发挥作用。人们就会本能地对其加以保护和肯定。人们会围绕着从小形成的性格，建立与自己的性格相适应的人生哲学体系，并且，像保护生命一样，坚定不移地保护自己的人格，无论那些人格在外人看起来，是多么扭曲、低效。所以，"改变人的性格，是一件非常难于达到的目标"，因为它会遭到来自我们自身的一部分人性的强烈抵抗和反对。

除了我们内在的抵抗之外，人格难于改变的第二个原因在于，错过了人格改变的最佳期。大家都知道，学习体操，是有一定年龄限制的，超过了一定年龄，韧带的柔韧性差，就无法进行高难度的体操动作了，也就失去练习体操的机会了；同样，人格也是在5岁之前最容易塑造，过了这个年龄段，因为很多情感的"神经反射弧"已经固定，改变起来，将难上加难。有些持有极端观点的心理学家，甚至干脆断言："人的性格不可改变，那些所谓人格发生了变化的人，也是因为他的人格，原本就具备了可变性。"

根据以上两点分析，我们可以推断，一个人的性格，从根本上是很难改变的，但是，这并不是绝对的。人们在一定范围内，对于性格可以做出有限的调整。

1. 年龄和潜力是性格改变的资本

性格难改变，但不是不能改变。经过艰苦努力，还是可以发生积极变化的。性格的改变受以下因素制约：第一个制约因素是年龄，性格的可塑性，与年龄成反比例。年纪越大，越难改变。按照精神分析的观点，性格改变的年龄上限，大概在42～47岁。但是，这不是绝对的，极个别人在70余岁的时候，还可以做出一些性格调整。第二个制约因素是，最初的性格是否具备改变的潜力。衡量性格改变潜力的指标，有以下三方面：第一，对于自己的性格缺陷，是否有批判和排斥力——即是否"自我失谐"；第二，对于改变自己的性格，是否具有足够的精神能量——即是否拥有足够的"力必多"；第三，对于性格改变的承受力——即是否具备一定强度的自我功能。

2. 生活和时间是性格的最佳雕塑师

在年龄适宜、具备一定的改变潜力的情况下，性格的改变自然会发生。性格发生改变的核心机制，就是在寻求改变的内在驱动力之下，通过环境刺激，或者生活经历塑造人格。换句话说，性格的改变，是生活塑造出来的，生活和时间，是性格的雕塑师。

生活中没有绝对好的人格，无论喜欢与否，每个人都有各自独特的性格，每种性格都有一定的合理性和适应性。我们无法选择父母赋予我们什么样的性格，但是，我们可以选择在有限的人格限度内，寻找适合自己人格的希望，做自己能做的事情。

性格形成的关键——心理缓冲带

我们都知道火车上缓冲器的作用，它们是为了减少车厢之间的碰撞而专门设计的。如果没有缓冲器的存在，车厢之间的碰撞振动既不舒服，还非常危险。缓冲器在不知不觉中削弱了碰撞产生的冲击力。在人们的内心世界中，也有这么一种装置，我们每个人都把自己性格上的负面特征隐藏在了这个精心构建的内在缓冲系统中，这种系统被称为"心理防御机制"，也称为"缓冲带"，它是妨碍人们认识性格类型的主要障碍。但也正是由于这种缓冲带的存在，让我们无法看到自己性格中的真实力量，使我们更清楚地意识到，我们依赖于心理防御机制来维持我们的自我感，让生活变得简单，在缓冲带的帮助下，我们被带入一种催眠状态，这让我们的行为变得机械化，所以就无法认识真正的自己，也不会知道我们的性格类型影响了我们对现实世界的认识。

缓冲带产生于人们自身的矛盾：观念的矛盾、感觉的矛盾、言语的矛盾、行为的矛盾等。如果一个人能够感觉到他身上的所有矛盾，他将因为这些矛盾而疲惫不堪。人是不可能消除这些矛盾的，但是如果他心里有了"缓冲带"，他就不会因为自己的观点、情感和言语的矛盾冲突而感到不安。

一个拥有稳固缓冲带的人从来不需要向自己证明什么，因为他完全感觉不到自己内在的矛盾，而且对他自己的现状非常满意。

但是，一旦我们在探索自我的进程中发现了自身的一些矛盾，我们就会知道我们内心是存在缓冲带的。通过自我观察，我们能够逐渐了解到缓冲带两边究竟是什么。所以，要注意自己内心的矛盾，这些矛盾将带领自己找到缓冲带，尤其要注意那些让自己敏感的事情。

或许我们会注意到自己身上好的品质，而这些东西就是缓冲带其中一边的内容，但是还不清楚存在于缓冲带另一边的矛盾是什么。不过没关系，因为自己已经开始对于这些好的品质感到不自在，而这可能就意味着距离自己的缓冲带已经不远了。

我们并不了解自身的基本性格，因为我们的性格决定让我们戴着有色眼镜看待一切，没有什么是清楚或客观的，在我们与真实世界之间，总是夹杂着自己的好恶和偏见。除非我们自己放弃这种错误，否则怎么能看清人和事的本来面目，怎么能够从灵感和直觉中，而不是从智慧中获得更多的知识呢？受到性格控制的直觉不过是偏见的表现而已。对于任何一个希望走向心理成熟的人来说，发现自己性格结构中的盲点、防御机制和矛盾是非常重要的。因为这种无意识的防御机制让注意力发生转移，从而影响了我们对现实世界的看法。所以说，让自己去观察内心，而不是徒劳地寻找自己的无意识。

改变性格的要素

一个人从小开始，经受什么样的风雨洗礼，经受什么样的磨难历练，经受什么样的环境熏陶，就会形成什么样的性格和品格。那么，在一个人的性格形成过程中，什么样的因素可以改变它呢？

人的行为的决定因素分为两大类，一类是环境因素，一类是个体自身因素。环境因素包括自然环境因素和社会环境因素。环境在性格形成中的作用十分显著，大量研究发现，少儿期将男孩打扮成女孩，常会引起性角色误差的性心理变态；经常挨父母打骂的孩子常形成撒谎、缺乏独立、唯唯诺诺的性格，也有的产生反抗攻击行为；幼时娇生惯养、放纵、溺爱，可能养成孩子骄横任性、自私懒惰、意志薄弱的个性；父母吵架、家庭暴力往往导致孩子胆小或相反也变得狂躁暴虐……

因此，对于自己生活的环境，要有充分的认知。比如，和你交往的都是一些病人，或是有不良嗜好的人，生活在这样的环境中，久而久之，你也会生病，不知不觉也会染上不良的习性。近朱者赤近墨者黑，所以要择人而交，注意选择好的环境。你可以搬到校园附近居住，常在那里学习，多交良师益友，多跟阳光的人相处。

而在个体自身的因素中，除了需要满足状况以外，最重要的就是人格要素，也就是人自身的因素。

1. 注重自己有深刻感受的地方

自己有深刻感受的地方，就容易改。如果自己没有那些经历和感受，别人告诉你再多的方法，也起不到任何作用的。纸上得来终觉浅，还是要注重自己的亲身体验。经常吃亏、经常碰壁，经常反思自己。久而久之，性格自然会变。

2. 拟定自己的理想性格

可以在脑海中假想出一个适合自己，而且自己很喜欢的性格，按照那个给自己的定型，然后慢慢对自己进行塑造。平时可以多看看自己喜欢的影视和书籍，对于其中喜欢的人物性格，注意研究和学习。为了使自己的性格变成理想中的那样，对生活中的一点一滴，都要进行改造。

3. 改变自己的习惯

自己以前的生活、说话做事的习惯，觉得不好的地方，都要"消灭"。为了变成自己所希望的那种性格，尝试去做一些跟从前截然不同的事，并不断地那样去做，形成新的习惯。比如以前不喜欢跟人打交道，现在就去做一门专和人们打交道的工作。过去很自私，现在学会去帮助和关爱别人。这样，别人对你的看法就会发生转变，情感也会产生变化。受到积极的鼓舞，你更加有信心，自己的性格也就改变了。

4. 打开自己的心门

有什么事情，不要闷在心里，记住多和别人沟通。当然，必须是阳光乐观的人，才值得你这么做。继续下去，你会变得开朗起来。不要总是沉浸在自己个人的世界中。有些重要的东西，对你的影响非常巨大，能够改变你的观点和做法，渐渐地就会影响你以后的为人处世，性格自然也会发生改变。

5. 改变性格要日积月累

改变性格，不是一天两天的事情，要长期坚持努力。重要的还是自己要有信心，多与人沟通和交流。发现自己在哪些方面有不足，然后加以改进。可以经常搜索一些热点话题，参与讨论和研究。注意搜集有用的信息和资料，见识广博，不仅与人聊天有谈资，工作起来也可以充分运用。积累下去，你就会产生质变，终会脱胎换骨。

中国成语有"百折不挠""百折不回"等，它们都是对人的信念与意志的生动描述。人在为达到既定目标的活动中，自觉行动、坚持不懈、克服困难所表现出的品质，即对信念的追求，能影响一个人的性格。意志越强，行动力越强。正是这种内因外因共同的作用，使性格发生了改变。

性格会怎样变化

　　性格是一个人对待生活的态度，在人们内心有着怎样的思考方式，就会采取怎样的行动。若一个人的内心总是充满希望、积极进取，对待生活就会持有同样乐观的态度，他在生活中就可能取得很大的成功；相反，如果他总是抱怨命运的不公、怨天尤人，在迟疑犹豫中虚度光阴，他的一生就可能在灰暗、苍白中浪费掉。性格对于一个人的影响是如此之大，所以人们常说"性格决定命运"。

　　社会心理学家将人在21岁之前的成长分成了5个阶段。每个阶段都有自己的生活主题。如果在某个阶段里，因为某些原因而没有充分地成长，这个人在生活上就会出现一些乏力和困扰现象，而性格也会发生相应的改变。

　　1. 第一阶段：0到1岁——信任与不信任

　　如果在这一个阶段孩子的需要得到满足，孩子会觉得生长在一个安全的地方。长大后，会是一个开朗以及信任他人的人。

如果家长未能在这个阶段满足孩子的需要，孩子会觉得生长在一个不安全的地方。长大以后可能会有一种异乎寻常及极端害怕被遗弃的表现，拼命地寻找一个依赖的对象，需要别人照顾，深信不能信任任何人。

2. 第二阶段：2到3岁——自主与羞愧

这个阶段孩子开始学习如何控制自己的生理机能以及注意到身体的能力以及限制。

如果在这个阶段，孩子的成长需要得到满足，孩子会获得充满自主能力的感觉，并且觉得他对这个世界有一定的影响力。

如果家长在这个阶段未能满足孩子的需要，孩子容易产生害羞以及羞愧的感觉。长大以后会不知道自己真正需要些什么，不能拒绝别人的要求，害怕新的尝试，害怕面对别人的愤怒。

3. 第三阶段：4到5岁——主动性与内疚

在这一阶段孩子喜欢幻想、创造以及按照自己的主意行事，发展出主动性。如果孩子在这个阶段的需要得到家长的支持和满足，他常常会说出自己的想法以及表达他的情绪，并且发展出健康的好奇心。

如果家长在这个阶段未能满足孩子的需要，家长不支持孩子的幻想以及主动性的行为，反而因他做出新的尝试而惩罚他，他就会觉得内疚、有犯罪感，因而停止他的主动性，或会秘密地做。

4. 第四阶段：6到11岁——勤勉与自卑

这个阶段的孩子，开始与别人比较以及竞争，如果家长以及老师鼓励孩子学习及表示孩子与其他孩子一样有同样的能力，孩子将会受到激励而变得有活力。如果家长以及老师经常批评或者忽略了孩子，孩子会不信任自己，或者不会自觉地做事，他会产生不及别人的感觉。长大以后可能出现凡事要求完美、经常拖延以及耽搁、不知道如何达成目标等心理障碍。

5. 第五阶段：12 到 21 岁——对身份以及角色的困惑

如果孩子在这个阶段的需要得到满足，被容许去探索他自己的梦想以及感觉，改变想法以及尝试新的方向，他会发展成为一个接受自己的人。如果孩子在这个阶段的需要没有得到满足，家长不支持又不引导他去探索，而是过早地把他逼到一个角色里面，他会形成叛逆的性格。

从以上不难看出，童年像是人生之树的种子。一个人在童年时代具有最强的可塑性。如果一个人从小长在一个健康、快乐、充满关爱的环境中，那么他就可能成长为一个生机勃勃、健康快乐的人。但如果他自小就受到忽视、缺乏关照、受到许多不公正的对待，那么在长大以后，他就可能脾气暴躁、性格古怪，难以与别人相处。

也正是因为这个原因，心理学家把人的一生比喻成一只放飞的风筝，风筝顺风升起，越来越高，但无论它飞到哪里，都会受到它身上那根线的牵制和操纵。一个人的童年经历就是那根线，会制约他一生的发展。童年时代的记忆，虽然遥远而又模糊，似乎已经被一些人忘记了，但实际上，它们只是隐藏在记忆深处的某一个隐蔽角落,并且时刻对现在产生着影响。正所谓"过去并没有过去,因为它在现在留下了它的足迹"。无论你是一个青年人、中年人还是老年人,无论你是一个男人或者女人,你现在的性格,不管是开朗大方、积极乐观,还是内向封闭、消极悲观,都是在你的成长岁月中形成的。

但这并不意味着我们就一定要终身受其影响,事实上,许多有创造力、做出惊人成就的人,正是在超越了自己性格上的种种不足之后才取得了成功。所以,无论你现在的性格怎样,都要记住一点:性格是可以重新塑造的,而塑造性格的关键,就在于你是否愿意去面对并且付出努力去改变它。

为此,应该从以下几个方面塑造自己的性格:

要为自己树立长远的生活目标,学会为将来打算。如果你曾经醉生梦死、尸位素餐,饱食终日而无所作为,不要紧,从现在开始为自己树立一个目标。有了目标,就知道自己现在该做什么、该怎样去做,就会体会到"播种——收获"的快乐。有生活的目标,就不会再犹豫、迟疑,而是坚定、专注、执着。

要学会独自面对生活。不要依赖别人,不要乞求奇迹的发生,唯一能够创造奇迹的人就是你自己。要学会凭借自己的理智行事,根据自己的判断得出结论。你要明白这样一个道理:人生的道路最终要靠自己来选择。绝不依赖别人,绝不把命运托付给他人。

要面对现实。你可能受过很多打击,遭遇过很多失败,但要明白，这都是生活的一部分。不管现实是否令你愉快，都要面对它。采取现实的应对态度，能使你面对问题、解决问题、克服困难，使你的人生之路越走越宽。

要学会爱别人。不要总是抱怨别人对你不公，或许他们也有难言的苦衷。不要抱怨别人为你做得太少，要学会主动地去付出，主动地去爱别人。爱你的亲人、孩子、朋友，爱每一个与你相遇的人。爱能使你得到快乐、得到帮助、得到同样的爱。如果你总是很吝啬，希望得到别人很多的爱自己却不愿意付出，你的朋友就会越来越少，你的心会越来越封闭，你的性格也将越来越孤僻。

学会控制调整自己的情绪。你可以生气，但要学会让怒火很快消失，而不是大发雷霆，恣意放纵自己的情绪；你可以忧愁，但不能长期持续地缠绵悱恻；你可以沮丧，但要学会让沮丧快速消退，而不是被它控制；你要明白不愉快只是生活的一部分，不要因为一点挫折而失去理智；你要懂得拿捏分寸，不要因为情绪失控把事情做过了头，伤害了别人，也伤害了自己；你要学会控制自己的情绪，决不能让自己的坏脾气影响自己，也影响别人。

要学会宽容和谅解别人。你要懂得，任何人都会犯错，所以，对别人的错误要采取宽容和谅解的态度。不要抓住别人的小辫子不放，让别人抬不起头来；宽容别人就是宽容自己，这将使你赢得同样的体谅与尊重，将会使你远离偏见、狭隘，使你拥有更多的朋友。

要学会从失败中吸取教训。当面对失败的时候,所要做的并不是消极悲观、怨天尤人,而是正视失败、面对挫折,认真地总结失败的原因。这种理智的态度不仅可以使你迅速摆脱困境,使你拥有更加成熟的心态,也将会使你获得更多的知识,增添一笔宝贵的人生财富。

学会容忍自己的不足。追求健全的性格并不是一下子把所有的缺点一并消灭掉。过分地苛求自己、追求完美反而会使自己背上沉重的包袱;先接纳自己,再逐步改进,才是最恰当的态度。

个体心理学的创始人、人文主义心理学的先驱阿德勒在回忆录中写道:"对于我来说,从小我就很差,被人贴上'没出息'的标签,这让我一直抬不起头来,但我终于下定决心,要改变自己,否则我就不能够成为一个让自我满意的人。"

阿德勒最终完成了对自我的超越,他将自己经历写成的书,鼓舞了成千上万的人。如果说,人的成长环境是每个人所不能选择的,自己的性格因此被烙上犹豫、焦虑、冲动、情绪化、偏执、苛刻、孤独、冷漠、抑郁、依赖、自怨自艾、缺乏意志力、不愿意承担责任、缺乏目标而盲目行动等不良的印迹,但一旦自己意识到这一点,发现不足,并愿意采取行动,就可以把自身的性格变得果断、有控制感、理智、务实、善于听取意见、宽容、乐观、热情、开朗、独立、自主、有恒心、有毅力、有责任感、有信心、有追求,就会由一个不成功的人变成一个成功的人!

如何优化自己的性格

每个人都想把自己的人生谱写得更光辉更灿烂,那么怎样才能让自己的人生更光辉更灿烂呢?那就必须优化自己的性格,这样才能完善自己的人生。

性格是表现在人的态度和行为方面的较为稳定的心理特征,是个性的重要组成部分。性格成功学家杨斌说:"生活的矛盾、冲突大部分都源自我们的性格。性格决定命运。"性格是决定一个人成功与否的很关键的因素。成也性格,败也性格;好性格能成就你的一生,而坏性格可毁掉你的一生。

优化性格,就是从认识和了解自己的性格入手,把握自己性格的优势和劣势。对自己的优良性格发扬光大,缺陷性格逐渐改正。扬长避短,取舍得当,充分发挥自己性格的优势。

要想充分认识和了解自己的性格,并加以优化和完善,不是一件容易的事。性格决定命运,命运需要主动,而性格需要打磨。要优化性格,就要付出艰苦的努力。

1. 树立积极向上的人生观

人的性格归根到底还要受到世界观、人生观的制约与调节。有了坚定的人生目标与生活信念,性格自然就会受到熏陶,表现出乐观、坦荡、自信等良好的性格特征。反之，如果失去了人生目标和生活的勇气，性格也会变得孤僻和古怪。

2. 正确分析自己的性格特征

人贵有自知之明，对自己的性格特征进行科学的分析与评价，才能使自己不断地进行性格的学习与磨炼，不断形成良好的性格。分析的过程是一个深化自我认识的过程，是性格不断完善与发展的重要环节。人海茫茫，风格各异。每个人的性格特征中都有好的因素，也有不良的特征，要善于正确地自我评价，辩证地对待自己的优缺点，好的要进一步巩固，不足的应努力改造。取人长、补己短，有则改之、无则加勉，久而久之就能使不良性格特征得到克服和消除，良好性格特征得到培养和发展。

3. 主动帮助他人

不良性格的人往往以自我为中心，他们对人冷漠，一般不愿多与人交往，生活在自我的小天地里。要想改变这样的性格，平常可以主动去帮助别人，因为人人都需要关怀，你去帮助别人，同样别人也会主动来帮助你。同时，在这种帮助中，能体现自身的价值，心情改善了，对人的看法和态度也会随之改变，有利于自己性格的改变。

4. 重视在实践中磨炼性格

性格体现在行动中，也要通过实践和实际行动来塑造，同时，实践应具有广泛性。学习实践、工作实践都可以磨炼自己的性格。特别要注意在艰苦奋斗中，培养一种乐观向上的精神，培养不怕困难、勇于斗争的生活品格，从而适应社会的需要。

5. 有意识地进行自我锻炼，自我改造

人是一个自我调节的系统，一切客观的环境因素都要通过主观的自我调节起作用，每个人都在不同程度地以不同的速度和方式塑造着自我，包括塑造自己的性格。随着个体认识能力的发展和相对成熟，以及独立性和自主性的发展，其性格的发展也从被动的外部控制逐渐向我自控制转化。如果每一个人都意识到这一变化，促进这一变化，自觉地制定性格锻炼的目标，从而进行自我锻炼，就能使对现实态度、意志、情绪、理智等性格特征不断完善，优化自己的性格。

6. 积极参加集体活动和社交活动

多接触人，多与人交往，这十分有利于性格的外向发展，一个闭门不出、不与外界交往的人，别人一般也不会来与你攀亲结友。人只有融入大集体中，才会获得知己，心情舒畅，也才会学到很多有用的东西，懂得很多人生的道理。

7. 培养健康情绪，保持乐观的心境

如果一个人偶尔心情不好，情绪可能不至于影响性格。但若长期心情不好，对性格就会有影响。如长年累月地生气，为小事激动不已的人，就容易形成暴躁、易怒、神经过敏、冲动、沮丧等特征，这是一种异常的情绪性格。我们应该乐观地生活，热情开朗，始终保持愉快的生活体验。当遇到挫折和失败时，尽量从好的方面去想,"塞翁失马,焉知非福",想得开,烦恼自然就会消失。有时,若心里实在苦恼,可以找亲朋好友交谈或去寻求心理咨询师的帮助,不要让苦闷积压在心,否则,容易导致不良性格的形成。

8. 取人之长,补己之短

"金无足赤,人无完人",每个人的性格特征中都有好的因素,也有不良的特征,要善于正确地自我评估,辩证地对待自己的优缺点,对不足之处要努力地加以改造,"取人长,补己短",久而久之,使不良的性格特征得到克服和消除,逐渐成为性格完善的人。

歌德说过:"人人都有惊人的潜力,要相信自己的力量与青春。要不断地告诉自己,万事全依赖自己。"谚语有云:"播种行为,收获习惯;播种习惯,收获性格;播种性格,收获命运。"找出自己性格中的长处和缺陷,保持、发扬长处,克服、弥补缺陷。只有这样,自己的事业才能成功。

改变自己从哪里开始

玛利亚·罗宾逊曾经说:"没有人可以回到过去开始一段新的旅程,但任何人都可以演绎今天,创造一个新的结局。"

为了生活更美好,我们一直在努力改变。在经历过一些事情后，会想要改变一下自己，因为我们改变不了世界。于是，我们计划一点一点地改变自己。

很多时候，改变自己会痛苦，但不改变自己会吃苦。改变很难，所以如果想改变，那肯定是一件很痛苦的事。虽然如此，但在很多时候，为了赢得出路，我们需要拿出一种破釜沉舟的勇气做出改变。

随着年纪增长，儿时的舒适区不断延展，你对世界的认知就会进入另外两个区域：延展区和恐慌区。现代心理学认为，舒适区、延展区和恐慌区是人类感知外部世界的三个阶段。人们改变的连续过程就是：改变习惯、逃离舒适区，进入延展区和恐慌区，养成新习惯，形成新的舒适区。我们就是在这样的循环往复中螺旋上升，获得更多的幸福。

但是，改变不可能一蹴而就。一点点地扩大自己的延展区，有利于改变的发生。打个比方，舒适区像冷水，延展区像温水，恐慌区像开水，很有潜力，但是容易失去控制。

在恐慌区，人们会产生恐惧焦虑，是一种不健康的状态，不适合改变，因为改变极可能退回到以前的状态。当然，有时候我们不得不进入恐慌区，因为有些事情不是渐进的，比如戒掉毒瘾，不可能让人一点点减少用量，而是直接不准吸食，其实这个时候就已经到了恐慌区，需要别人的帮忙，比如按住瘾君子。恐慌区是一个隐藏着危险的区域，需要有人提供劝慰和保护。

所以，比较理想的改变方式还是通过延展区。延展区是舒适区的最大值，它就像温水一样，让人感觉舒服。在这个阶段，压力和激励都在最佳值，所完成的任务不会太难也不会太容易，改变最容易在这个阶段发生。

比如，当你知道锻炼的重要性后，决定开始锻炼身体。设想一下，如果你5年都没有锻炼过，突然要你一天跑1万米，就是过度延展了，你有可能受伤；当然也不能成天坐那看电视、玩游戏，你还处在舒适区内，没有改变发生；理想的状态是，你每天散步3000米，然后逐渐加大运动量。

为了促成自我转变、获得更大幸福，每次改变都应当适当延展，不能过度。如果要在众人面前演讲，很有可能会紧张。所以不必一开始就在大礼堂内演讲，可以试着给朋友和家人讲，然后逐渐扩大听众群。

你可尝试做出下面最容易做出改变的4个步骤：

1. 想想你真正想要改变的是什么

或许是早已知道的缺点，也可能是自己的社会生活、自信心、健康或者经济状况。要不然花上几天时间考虑一下这个问题。而专注在这个问题上是因为如果你对某事充满热忱，那么它就会更容易执行。

让好奇心指引自己。问问自己：在现在的生活中想要探索什么？寻找一个或几个领域去改变或者把自己喜欢的爱好增添到生活中。最好把它们全都写下来。

2. 马上去关注一件事情或爱好

找到喜欢的事情或爱好,关注它们,但是一次只能关注一个。让自己过度劳累常常会导致失败,因为生活会在你的道路上设置障碍。如果有一个规律的生活,可能不会有时间和精力一次性改变三件事情,尽管自己真心希望这样或你觉得你能行。

如果自己喜欢,不如一年选一个主题,然后全身心地专注于此,然后把365天的努力全放在培养新兴趣和专注于那一领域上面。

3. 积跬步,致千里

这是非常重要的。认为某些事情非常巨大、恐怖或困难是人们遇事退缩的普遍原因之一。

另一方面,人们往往会高估自己的意志力。在头脑中,计划看起来很不错,但当真正执行时,会发现其实自己根本实现不了那么多在你脑海中一闪而过的计划。

一次只关注一件事,然后一步一步地去做,这样可能会使自己感觉这些事其实小孩子也能做。情况或许就是这样的——像很多人那样,在花费了几天或几周时间尝试快速改变很多事情,最后才发现这样做毫无实效。

反过来问问自己:在某种情况下,可以怎样把事情分成一小步去执行呢?

差不多每天在某些领域都问自己这个问题,就会极大地帮助自己,或许会比过去几年经历的影响还大。

4. 问一下自己：可以马上实现什么小步骤让事情进行到底

不要频繁地做计划，或者想想自己将会在明天或下周开始做事。通过实现想要到达的目标的小而实用的步骤来完成今天的事情。

生活中需要改变，有时也需要坚守，而坚守是一种执着，改变则是一种灵活。虽然外界不能改变，但内心却可以调适。也许我们也不知道，命运将在急转弯处踉跄跌倒，但我们可以确信，即使匍匐在地，也应该坚韧地准备爬起……

我们永远是自己生命舞台上的主角，我们有能力改变世界，但我们必须首先改变自己。

学会悦纳真实的自己

有人说，这个世上最难看透的是人心，所以常言"人心叵测"。其实在现实生活中不仅是他人之心很难看透，对自己也不是太了解，有时候，认清自己比认清他人还要困难，正所谓"不识庐山真面目，只缘身在此山中"。

对于自我认知，美国心理学家 Jone 和 Hary 提出了关于人自我认识的窗口理论，被称为"乔韩窗口理论"。他们认为人对自己的认识是一个不断探索的过程。因为每个人的自我都有四部分：公开的自我，盲目的自我，秘密的自我和未知的自我。

所谓公开的自我，是指透明真实的自我，这部分自我，自己很了解，他人也很了解；

盲目的自我，则是指我们自己并不了解自我的那部分，而他人却看得很清楚；

秘密的自我，是指自己了解但他人却并不了解的部分；

未知的自我，是别人和自己都不了解的潜在部分，通过一些契机可以激发出来，我们通常把它叫作潜能。

要想客观公认地认知自我，我们必不可少地需要他人作为媒介和参照，通过与他人分享秘密的自我，通过他人的反馈减少盲目的自我，人对自己的了解就会更多更客观。

这也是我们自我认知的途径，通过与他人的比较认识客观的自我，通过做事情来认识自我，完善自我；通过与自己的内心对话，尊重内心，了解真实的自我。

然而，在这些途径中，人们往往容易走入弯路，因为与他人的比较，或者做事情的结果不理想而失去自信，为自己的不足和弱点而纠结不已。烦恼的情绪为自身带来负面能量，从而形成一种恶性循环，越不自信的人，越不积极努力，也就越走下坡路。

自我认知的路，也是每个人的成长之路。是因坎坷而止步，还是披荆斩棘地一往无前，取决于我们自己是否愿意接纳无论怎样的自我。

2000年，出生于意大利并荣获过奥斯卡最佳女演员奖项的索菲亚·罗兰被评选为千年美人。

索菲亚·罗兰是一位受全世界影迷喜爱的女影星，她主演的

《两妇人》和《卡桑得拉大桥》在中国拥有广大的观众群。在这个时代，要成为耀眼的明星，需要拥有非常鲜明的个性与魅力，能够看清自己，保留初心，不被外界的舆论与诱惑所动摇。索菲亚就是一位个性非常鲜明，对自己认识十分理性的女影星。

索菲亚·罗兰16岁第一次去试镜，结果失败了，所有的摄影师都说她算不上美人，抱怨她的鼻子和臀部。没办法，导演卡洛只好把她叫到办公室，建议她把臀部减去一点儿，把鼻子缩短一点儿。一般情况下，一个刚刚踏入演艺圈的新人会对导演的话言听计从。可是，索菲亚·罗兰并没有因为导演的话而动摇，她不明白为什么所有人都要去迎合那个美人的标准，虽然自己并不是个标准的美人，但她拥有自己的特色。

索菲亚执着地想争取这个出演的机会，她不断尝试用不同的表演方式去表现她对人物角色的理解，可是在试了三四次镜头后，卡洛导演又把索菲亚·罗兰叫到了他的办公室。卡洛导演以试探性口气说："我刚才同摄影师开了个会，他们说的结果全一样，噢，那是关于你的鼻子的，还有建议你把臀部削减一些。如果你要在电影界做一番事业，你也许该考虑做一些变动。"

索菲亚·罗兰对卡洛说："说实在的，我的脸确实与众不同，但是我为什么要长得跟别人一样呢？我要保持我的本色，我什么也不愿意改变。至于我的臀部，无可否认，我的臀部确实有点过于发达，但那是我的一部分，那是我的特色，我愿意保持我的本来面目。"

大导演卡洛被说服了。电影不但拍成了,而且,索菲亚·罗兰一下子红起来,逐步走上了成功之路。

"我为什么要长得跟别人一样呢?"的确,这个世界上找不到第二个与我们完全相同的人,就如同这个世界上找不到相同的两片树叶。独特是一种美,我们每个人都应该庆幸自己是独一无二的那个她或他。

攀比、欲望对自我认知不足是许多人产生痛苦的原因之一。认识自我是一种境界,它需要在自我认知中学会悦纳自我,而悦纳自我就是要全部接受自己的出身、亲人、容貌等等。

希腊哲学家毕达格拉斯告诫人们:"尊重自己比什么都重要。"尊重自己、热爱自己,就是要学会关注自己的特色,把自己的禀赋发挥出来,千万不能估低自己。"一个人无论有怎样的缺陷、怎样的不如意,别人可以不爱你,但你自己决不可以不爱自己;别人可以抛弃你,但有一个人不能抛弃你,那就是你自己。"

怎样才能从容地悦纳真实的自我呢?

首先,扩展生活的范围。一个人社会接触面越广,经验越丰富,就越能真切地体验生活,并且自然而然能较客观地评价自己的才能和品质。

其次,合理地对待得失。每个人都知道世界上完美的事物很少,对别人也不应该过分苛求,但偏偏对自己显得刻薄。每个人都有长处和短处、优点和缺点。有些缺点理所当然应尽力去改,然而有些弱点出于能力所及或生理缺陷的话,也就无须过于折腾甚至抱憾终生。同时，也不必过于向人隐藏或躲避，应表现得轻松大方。

再次，建立现实的追求目标。没有抱负的人，就像没有航向的飞机，飞不了多远。但抱负过高，超过了自己的能力而无法达到，就会让自己陷于失败和痛苦之中，久而久之就会打击自己的意志力。所以每个人应该把追求目标恰当地定在跳一跳能够达到的适中位置上。

最后，改变衡量自己的尺度。现代社会往往用金钱、学历、职称等来衡量人，随着竞争机制的不断更新，这种现象可能还会加剧。生活在这样的环境里，自然而然也会以这样的标准衡量自己。可惜这把衡量人生价值的尺子是不尽公平的。金钱、学历、职位、地位不完全是由个人因素决定的。因此，我们不能以自己之"高"去讥笑别人，也不必为自己之"低"而自觉卑下。人是为了发展自己的潜能而生活，不是为了同别人比较而生活。一个人纵然有许多地方低于别人，也总有自己独特擅长的一方面。重要的是能够把握自己的长处，不断进取，这才是做人的价值所在。当一个人采取一种坦然的形式来接纳自己的时候，就会得到一种身心的释然。

"我喜欢自己这个样子。"全然接受现在的自己，不以时尚为标准，这是一个年轻人从青春期走向成熟的表现。

有一位青年常对自己的贫苦发牢骚。

"你具有如此丰厚的财富，为什么还要发牢骚？"一位老人问。

"它到底在哪里呢？"青年人急切地问。

"你的一双眼睛，你要能给我一只眼睛，我可以把你想得到的东西都给你。"

"不，我不能失去眼睛！"青年回答。

"好，那么，让我要你的一双手吧！为此，我用一袋黄金补偿。"

"不，双手也不能失去。"

"既然有一双眼睛，你就可以学习；既然有一双手，你就可以劳动。现在，你自己看到了吧，你有那么丰厚的财富！"老人微笑着。

"年轻就是财富。"我们还有许许多多的机会。有缺点怕什么，可以改正，有遗憾又怎样，还可以去弥补。既然已经明白这个世界上没有完美，那么只有用年轻的心去完善自我，用时间和机会去改变现有的一切。

其实，生活是没有一定之规的，我们并不需要遵照统一的标准来塑造自己，也不需要把别人的眼光作为衡量自己的标尺。每个人有自己的生活，自己的方式。假如远离本性，戴上虚伪的面具，短期内也许会有一点受益，但时间久了肯定会感觉痛苦，人常常在被异化的状态中迷失自己，就像被伪装成藤圈的蛇一样。

在现实社会中，我们无从责怪那些按照自己标准来苛求他人的人，我们所要做的就是尊重和包容每一个人，让他们不被世俗掩盖了原来的面貌。同时也要尊重和接纳真实的自己，活出最率真的自我。

第五章
DI WU ZHANG

做一个优秀的人，让好性格助你成功

自信是开启人生成功之门的金钥匙

既然别人无法完全模仿你,也不一定做得来你能做得了的事,试想,他们怎么可能给你更好的意见?他们又怎能取代你的位置,来替你做些什么呢?所以,这时你不相信自己,又有谁可以相信?

坚强的自信,常常使一些平常人也能够成就神奇的事业,成就那些天分高、能力强但多虑、胆小、没有自信心的人所不敢尝试的事业。

你的成就大小,往往不会超出你自信心的大小。假如拿破仑没有自信的话,他的军队不会爬过阿尔卑斯山。同样,假如你对自己的能力没有足够的自信,你也不能成就重大的事业。不企求成功、期待成功而能取得成功,是绝不可能的。成功的先决条件,就是自信。

自信心是比金钱、权势、家世、亲友等更有用的条件。它是人生可靠的资本,能使人努力克服困难,排除障碍,去争取胜利。对于事业的成功,它比任何东西都更有效。

假如我们去研究、分析一些有成就的人的奋斗史,我们可以看到,他们在起步时,一定有充分信任自己能力的坚强自信心。

他们的心情、意志，坚定到任何困难险阻都不足以使他们怀疑、恐惧，他们也就能所向无敌了。

我们应该有"天生我材必有用"的自信，明白自己立于世，必定有不同于别人的个性和特色，如果我们不能充分发挥并表现自己的个性，这对于世界，对于自己都是一个损失。这种意识，一定可以使我们产生坚定的自信并助我们成功。

然而，没有人天生自信，自信心是志向，是经验，是由日积月累的成功哺育而成的。它来自经验和成功，又对成功起极大的推动作用。

也正因为自信并非天生，所以，自信可以从家庭中逐渐灌输，或是自我培养。有些人认为成功者对自己的信心比较强，其实不见得。没有一个成功者不曾感到过恐惧、忧虑，只是他们在恐惧时，都有办法克服恐惧感。大多数成功者有办法提升自己的自信。成功的人知道如何克服恐惧、忧虑，第一个方法就是唤起内心的自信。

成功者也并不是经常都能够击败恐惧与忧虑的，但是重要的是他们能够建立自信。一个阶段成功之后，接着才能想象下一个阶段。随着成功的不断累积，自信就会成为你性格的一部分。

幼时父母双亡的19世纪英国诗人济慈，一生贫困，备受文艺批评家抨击，恋爱失败，身染痨病，26岁即去世。济慈一生虽然潦倒不堪，却从来没有向困难屈服过。他在少年时代读到斯宾塞的《仙后》之后，就肯定自己也注定要成为诗人。一次他说：

"我想，我死后可以跻身于英国诗人之列。"济慈一生致力于这个最大的目标，并最终成为一位永垂不朽的诗人。

相信自己能够成功，成功的可能性就会大为增加。如果自己心里认定会失败，就很难获得成功。没有自信，没有目标，你就会俯仰由人，终将默默无闻。

由此可知，自信对于一个人来说是多么重要，而它对于我们人生的作用也是多元而重要的，这主要表现在：

（1）自信心可以排除干扰，使人在积极肯定的心态支配下产生力量，这种力量能推动我们去思考、去创造、去行动，从而完成我们的使命，促成我们的成功。

（2）面对许多不确定的因素，有信心的人，能坚守自己的理想、信念而不动摇，从而按自己的心愿，找到通向成功和卓越的道路。

（3）信心赢得人缘。信心可以感染别人，一方面激发别人对你的认可，另一方面使更多的人获得信心。这样就容易赢得他人的好感，具有良好的人缘。而人缘好，是人生的一大财富。

从古至今，人们出于创造更美好的生活的目的，对人的信心抱着崇高的期望。自信心的力量是巨大的，是追求成功者的有力武器。信心是成功的秘诀。拿破仑·希尔说："我成功，因为我志在战斗。"

不论一个人的天资如何、能力怎样，他事业上的成就，总不会超过其自信所能达到的高度。如果拿破仑在率领军队越过阿尔卑斯山的时候，只是坐着说："我们是很难翻过这座山的。"无疑，拿破仑的军队永远不会越过那座高山。可见，无论做什么事，坚定不移的自信心，都是通往成功之门的金钥匙。

自信比金钱、势力、出身、亲友更有力量，是人们从事任何事业的最可靠的资本。自信能排除各种障碍、克服种种困难，能使事业获得完满的成功。有的人最初对自己有一个恰当的估计，自信能够处处胜利，但是一经挫折，他们却又半途而废，这是因为他们自信心不坚定的缘故。所以，树立了自信心，还要使自信心变得坚定，这样即使遇到挫折，也能不屈不挠、向前进取，绝不会因为一时的困难而放弃。

那些成就伟大事业的卓越人物在开始做事之前，总是会具有充分信任自己能力的坚定的自信心，深信所从事之事业必能成功。这样，在做事时他们就能付出全部的精力，破除一切艰难险阻，直达成功的彼岸。

乐观的性格让你笑对人生风云

人生如同一只在大海中航行的帆船，掌握帆船的航向与命运的舵手便是自己。有的帆船能够乘风破浪，逆水行舟，而有的却经不住风浪的考验，过早地离开大海，或是被大海无情地吞噬。之所以会有如此大的差别，不在别的，而是因为舵手对待生活的态度不同。前者被乐观主宰，即使在浪尖上也不忘微笑；后者是悲观的信徒，即使起一点风也会让他们胆战心惊，祈祷好几天。一个人是面对生活闲庭信步，抑或是消极被动地忍受人生的凄风苦雨，都取决于他对待生活的态度。

生活如同一面镜子，你对它笑，它就对你笑；你对它哭，它也以哭脸相示。

一个人快乐与否，不在于他处于何种境地，而在于他是否持有一颗乐观的心。对于同一轮明月，在泪眼蒙眬的柳永那里就是："杨柳岸，晓风残月。此去经年，应是良辰好景虚设。"而到了潇洒飘逸、意气风发的苏轼那里，便又成为："但愿人长久，千里共婵娟。"同是一轮明月，在持不同心态的人眼里，便是不同的，人生也是如此。

上天不会给我们快乐，也不会给我们痛苦，它只会给我们生活的作料，调出什么味道的人生，那只能在我们自己。你可以选择从一个快乐的角度去看待它，也可以选择从一个痛苦的角度去看待它。同做饭一样，你可以做成苦的，也可以做成甜的。所以，你的生活是笑声不断，还是愁容满面；是披荆斩棘，勇往直前；还是缩手缩脚，停滞不前，这不在他人，都在你自己。

一个人如果心态积极，乐观地面对人生，乐观地接受挑战和应付麻烦事，那他就成功了一半。

在人生的旅途上，我们必须以乐观的态度来面对失败。因为在人生之路上，一帆风顺者少，曲折坎坷者多，成功是由无数次失败构成的，正如美国通用电气公司创始人沃特所说："通向成功的路就是把你失败的次数增加一倍。"但失败对人毕竟是一种"负性刺激"，总会使人产生不愉快、沮丧、自卑。那么，如何面对、如何自我解脱，就成为能否战胜自卑、走向自信的关键。

面对挫折和失败，唯有乐观积极的心态，才是正确的选择。其一，做到坚韧不拔，不因挫折而放弃追求；其二，注意调整、降低原先脱离实际的"目标"，及时改变策略；其三，用"局部成功"来激励自己；其四，采用自我心理调适法，提高心理承受能力。

既然乐观的性格对于我们每一个人来说是如此之重要，那么，我们更应该注意加强对乐观心态的培养：

1. 要心怀必胜、积极的想法

当我们开始运用积极的心态并把自己看成成功者时，我们就开始成功了。但我们绝不能仅仅因为播下了几粒积极乐观的种子，然后指望不劳而获，我们必须不断给这些种子浇水，给幼苗培土施肥，才会收获成功的人生。

2. 用美好的感觉、信心与目标去影响别人

随着你的行动与心态日渐积极，你就会慢慢获得一种美满人生的感觉，信心日增，人生的目标也越来越清晰，而别人也会被你所吸引，进而被你所影响。

3. 学会微笑

微笑是上帝赐给人类的专利，微笑是一种令人愉悦的表情。

面对一个微笑着的人,你会感到他的自信、友好。同时这种自信和友好也会感染你,使你也油然而生出自信和友好来,使你和对方亲近起来。微笑可以鼓舞对方,可以融化人们之间的陌生和隔阂。

永远也不要消极地认为什么事都是不可能的。首先你要认为你能,然后去尝试、再尝试,最后你发现你确实能。所以,把"不可能"从你的字典里去掉,把你心中的这个观念铲除掉。谈话中不提它,想法中排除它,态度中去掉它,抛弃它,不再为它提供理由,不再为它寻找借口,用"可能"代替它。

4.经常使用自动提示语

积极心态的自动提示语不是固定的,只要能激励我们积极思考、积极行动的词语,都可以成为自我提示语。经常使用这种自我激发行动的语句,并融入自己的身心,就可以保持积极心态,抑制消极心态,形成强大的动力,进而达到成功的目的。

宽容的性格是滋补心灵的鸡汤

古希腊神话中有一位大英雄叫海格里斯。一天他走在坎坷不平的山路上,发现脚边有个袋子似的东西很碍脚,海格里斯踩了那东西一脚,谁知那东西不但没有被踩破,反而膨胀起来,加倍地扩大着。海格里斯恼羞成怒,操起一根碗口粗的木棒砸它,那东西竟然长大到把路堵死了。

正在这时,山中走出一位圣人,对海格里斯说:"朋友,快别动它,忘了它,离它远去吧!它叫仇恨袋,你不犯它,它便小如当初,你侵犯它,它就会膨胀起来,挡住你的路,与你敌对到底!"

我们在茫茫人世间,难免与别人产生误会、摩擦。如果不注意,在我们轻动仇恨之时,仇恨袋便会悄悄成长,最终导致堵塞了通往成功之路。所以我们一定要记着在自己的仇恨袋里装满宽容,那样我们就会少一分烦恼,多一分机遇。宽容待人也就是善待自己。

学会宽容,对于化解矛盾,赢得友谊,保持家庭和睦、婚姻美满,乃至事业的成功都是必要的。因此,在日常生活中,无论对子女、对配偶、对同事、对顾客等都要有一颗宽容的爱心。

哲人说,宽容和忍让的痛苦,能换来甜蜜的结果。这话千真万确。古时候有个叫陈嚣的人,与一个叫纪伯的人做邻居。有一天夜里,纪伯偷偷地把陈嚣家的篱笆拔起来,往后挪了挪。这事被陈嚣发现后,心想:"你不就是想扩大点地盘吗,我满足你。"他等纪伯走后,又把篱笆往后挪一丈。天亮后,纪伯发现自家的地又宽出了许多,知道是陈嚣在让他,心中很惭愧,主动找陈家,把多侵占的地统统还给了陈家。

忍让和宽容说起来简单,可做起来并不容易。因为任何忍让和宽容都是要付出代价的,甚至是痛苦的代价。人的一生谁都会碰到个人的利益受到他人有意或无意的侵害的事情。为了培养和锻炼良好的素质，你要勇于接受忍让和宽容的考验，即使感情无法控制时，也要管住自己的大脑，忍一忍，就能抵御急躁和鲁莽，控制冲动的行为。如果能像陈嚣那样再寻找出一条平衡自己心理的理由，说服自己，那就能把忍让的痛苦化解，产生出宽容和大度来。

生活中有许多事当忍则忍，能让则让。忍让和宽容不是怯懦胆小，而是关怀体谅。忍让和宽容是给予，是奉献，是人生的一种智慧，是建立人与人之间良好关系的法宝。一个人经历一次忍让，会获得一次人生的靓丽；经历一次宽容，会打开一道爱的大门。

宽容是一种艺术。宽容别人，不是懦弱，更不是无奈的举措。在短暂的生命中学会宽容别人，能使生活中平添许多快乐，使人生更有意义。当我们在憎恨别人时，心里总是愤愤不平，希望别人遭到不幸、惩罚，却又往往不能如愿，一种失望、莫名烦躁之后，使我们失去了往日那轻松的心境和欢快的情绪，从而心理失衡；另一方面，在憎恨别人时，由于疏远别人，只看到别人的短处，言语上贬低别人，行动上敌视别人，结果使人际关系越来越僵，以致树敌为仇。我们"恨死了别人"。这种嫉恨的心理对我们的不良情绪起了不可低估的作用。

而且，今天记恨这个，明天记恨那个，结果朋友越来越少，对立面越来越多，严重影响人际关系和社会交往，成为"孤家寡人"。这样一来，不仅负面生活事件越来越多，而且自身的承受能力也越来越差，社会支持则不断减少，以致情绪一落千丈，一蹶不振。可见，憎恨别人，就如同在自己的心灵深处种下了一粒苦种，不断伤害着自己的身心健康，而不是如己所愿地伤害被我们所憎恨的人。所以，在遭到别人伤害，心里憎恨别人时，不妨做一次换位思考，假如你自己处于这种情况，会如何应付？当你熟悉的人伤害了你时，想想他往日在学习或生活中对你的帮助和关怀，以及他对你的一切好处，这样，心中的火气、怨气就会大减，就能以包容的态度谅解别人的过错或消除相互之间的误会，化解矛盾，和好如初。这样，包容的是别人，受益的却是自己。自己就能始终在良好的人际关系中心情舒畅地学习与工作。

无论你一生中碰到如何不顺利的事情，遭遇到如何凄凉的境地，你仍然可以在你的举止之间，显示出你的包容、仁爱，你的一生将受用无穷。

春秋时期，楚庄王是个既能用人之长又能容人之短的人。

在一次庆功会上，楚庄王的爱妾许姬为客人们倒酒。忽然一阵风吹来，把点燃的蜡烛刮灭了，大厅里一片漆黑。黑暗中有人拉了许姬飘舞起来的衣袖。聪明的许姬便趁势摘下了那个人的帽缨，接着便大声请求庄王掌灯追查。胸怀大度的庄王认为，这个臣子可能是酒后失态，不足为怪。庄王对许姬说："武将们是一群粗人，发了酒兴，又见了你这样的美人，谁能不动心？如果查出来治罪,那就没趣了。"他立即宣布,此事不必追查。还让在座的人都在黑暗中取下帽缨,并为这次宴会取名为"摘缨会"。

后来,楚国攻打郑国。有个叫唐狡的将军作战英勇,屡立战功。事后,他觐见庄王,当面认罪说:"臣乃先殿上绝缨者也!"

由于楚庄王胸襟开阔,宽厚容人,对下属不搞求全责备,于是才保住了人才,调动了他们最大的积极性。

其实,学着去宽容地对待别人和自己并没有我们想象中的那么难,在我们生活中的一些细节之处能做到以下几点就很不错了:

1. 得理且饶人

不要抓住他人的错误或缺点不放,得饶人处且饶人,这样不仅会减少矛盾,也会提升自己的善良品质,进而会形成一种良好的社会风气。这种与人为善、悲悯众生的品德,正是人类生存所需要的美德。有缺陷,有急难,甚至有罪的芸芸众生,谁没有一处两处需要别人帮助呢?从根本上说,谁又有资格来审判和惩罚他人呢?谁没有偶尔疏忽或急中出错,需要别人宽恕的时候呢?如果我们拘泥于这种低层次的偏执,则不仅会使他人尴尬难堪,悲从中生,也会让自己无端生仇。而且在人的这种相互计较中,社会阴暗面上升了。从某种意义上来说,向善大于任何对错是非和人间法律。记住这些话,不为难人,得饶人处且饶人。不仅对一般人,也包括那些与我们结有仇怨,甚至是怀有深仇大恨的人。做人要给他人善缘,对他人宽容。

2. 爱我们的敌人

爱我们的敌人是一个颠扑不破的真理。在这个世界上，充满包容的心灵里是不会有任何敌人的。"爱我们的敌人"，这一处世之道包含了真知灼见，因为如果憎恨我们的敌人，只会使正在燃烧的怒火火上浇油，而宽容则能熄灭我们的仇恨之火。

在我们身上有这样一种规则：用善意来回应善意，用凶残来回应凶残。即使是动物也会对我们的各种思想做出相应的反应。一个驯兽员通过亲切友好的善意，用一根细绳便能指挥一头野兽，但如果靠暴力，也许十个人都不能让这头野兽动一下。一个佛教信徒说："如果一个人对我不怀好意，我将慷慨地施予我的包容、仁爱之意。他的邪恶意图越强，我的善良之意也就越多。"

3. 善于自制

我们要宽容一个侵犯我们尊严、利益的人，这宽容中本来就包含着自制的内容。一个不能控制自己的人，往往情绪激动，指手画脚，就会把本来可以办成的事办砸了。这是成大事者的大戒。

因此，为人处世要以身作则。只有自己做好了，才能让别人信服，同样，只有有自制力的人，才能很好地宽容他人。

4. 求同存异

人与人之间的冲突，很多是因为个性上的差异。其实，只要我们用宽容的心态求同存异，人际关系肯定会有很大改观的。和人相处，如果总是强调差异，就不会相处融洽。强调差异会使人与人之间距离越来越远，甚至最终走向冲突。

要减少差异，就要设身处地为别人着想，以达成共识。为别人着想，就会产生同化，彼此间的关系就会更加融洽。如果把注意力放在别人和自己的共同点上，与人相处就会容易一些。同化就是找共同点。

用宽容之心把自己融进对方的世界，这个时候，无须恳求、命令，两人自然就会合作做某件事情。没有人愿意和那些跟自己作对的人合作。在人与人交往的过程中，每一个人都会有意无意地在想："这人是不是和我站在同一立场上？"人与人之间的关系，要么非常熟悉，要么非常冷漠；要么立场相同，要么南辕北辙。不管人和人有多么不同，在这一点上，你和你眼中的对手倒是一致的。唯有先站在同一立场上，两人才有合作的可能。就算是对手，只要你找出和他的共同利益关系，你们就可以走到一起来。

谦逊的空杯才能盛更多的水

自古以来，我国人民就有谦虚的美德，有许多这方面的格言警句启迪后人。如"谦受益，满招损"，"谦虚使人进步，骄傲使人落后"，"虚心竹有低头叶，傲骨梅无仰面花"。

事实上也是如此，没有一个人有骄傲的资本，因为任何一个人，即使他在某一方面的造诣很深，也不能够说他已经彻底精通、彻底研究全了。生命有限，知识无限，任何一门学问都是无穷无尽的海洋，都是无边无际的天空……所以，谁也不能够认为自己已经达到了最高境界而停步不前、趾高气扬。如果是那样的话，则必将很快被同行赶上、很快被后人超过。

爱因斯坦是20世纪世界上最伟大的科学家之一，他的相对论以及他在物理学界其他方面的研究成果，留给我们的是一笔取之不尽、用之不完的财富。然而，即使这样，他还是在有生之年不断地学习、研究，活到老，学到老。

有人去问爱因斯坦，说："您老可谓是物理学界空前绝后的人才了，何必还要孜孜不倦地学习呢？何不舒舒服服地休息呢？"

爱因斯坦并没有立即回答他这个问题，而是找来一支笔，一张纸，在纸上画上一个大圆和一个小圆，对那位年轻人说："在目前的情况下，在物理学这个领域里可能是我比你懂得略多一些。正如你所知的是这个小圆，我所知的是这个大圆，然而整个物理学知识是无边无际的。对于小圆，它的周长小，即与未知领域的接触面小，你感受到自己的未知少；而大圆与外界接触的这一周长大，所以更感到自己的未知东西多，会更加努力去探索。"

"宽阔的河流平静，学识渊博的人谦虚。"凡是对人类发展做出巨大贡献的伟大人物，都有着谦逊的美德。

曾经有人问牛顿："你获得成功的秘诀是什么？"牛顿回答

说:"假如我有一点微小成就的话,没有其他秘诀,唯有勤奋而已。"他又说,"我之所以比别人望得远些,是因为我站在巨人的肩膀上。"这些话多么意味深长啊!晚年的牛顿曾经这样总结过自己:"在我自己看来,我不过就像是一个在海滨玩耍的小孩,为不时发现比寻常更为光滑的一块卵石或比寻常更为美丽的一片贝壳而沾沾自喜,而对于展现在我面前的浩瀚的真理的海洋,却全然没有注意。"

我国的大科学家竺可桢,在离他逝世两个星期前的一天里,当他得知外孙女婿来到他家,便迫不及待地叫他讲授高能物理基本粒子的基本知识。老伴劝他:"你连坐都支持不住,还问这些干什么?"竺老听了老伴的话儿,一边咳嗽一边说:"不成,我知道的太少。"

好一个"我知道的太少"!竺可桢在气象学上辛勤耕耘,数十年如一日地进行长期观察研究,一生硕果累累。谁能想到,一个蜚声中外的科学家,竟还在84岁的高龄,在生命处于垂危之际,先后5次向晚辈求教"补课",孜孜不倦。这正是谦逊好学、不耻下问、甘拜人师,永不满足这一科学传统美德在一个大科学家身上的生动体现,也正是他能走向人生光辉顶点的基本要求。有如此之卓越成就的人都如此之谦虚,那么作为平凡人的我们又有什么理由去骄傲自大呢?所以,每当你骄傲自满时,一定别忘了提醒自己去丈量一下巨人的肩膀,这样你便会发现自己是多么的渺小而微不足道;这样,你才会用一颗空杯的心更加充实自身。

诚信为成功打造金字招牌

诚信是面镜子，能映照出你性格中的许多闪光点，这比获得财富更重要，比拥有美名更持久。

像乔治·皮博迪一样，在年轻的时候就开始坚持一诺千金，不说一句谎话，并把自己的声誉看作是无价之宝。因此，乔治·皮博迪受到全世界人的关注，获得无上的声誉，并赢得了人们的信任。

在19世纪中期有一个正义与诚实的代名词——"诚实的亚伯拉罕·林肯"。

在林肯还没有成为总统的时候，他从事过店员这个职业。一次他为了及时把零钱还给一位夫人，摸黑跑了约10千米的路，而不是等到下次再找那位夫人。这件事体现了林肯诚实的品格，使其定位为"诚实的亚伯拉罕·林肯"。

在林肯从事另一个职业——律师的时候，有一次，他在处理一桩土地纠纷案时，法庭要当事人预交1万美元，但那个当事人一时还筹不到这么多钱，于是，林肯说："我来替你想想办法。"林肯去了一家银行，和经理说他要提1万美元，过两个小时就能归还。经理什么也没说，也没有要林肯填写借据，就把钱借给了他。正是因为林肯诚实的品德，经理才如此相信他。

一个人不仅要对他人讲诚信，对自己也要讲诚信，承诺别人的，要信守，承诺自己的，也要信守。真实地面对自己，真实地面对别人，真实地面对社会，不屈从于自己的内心欲望，不屈从于自己内心的恐惧，不掩饰自己的错误，这是不容易的。所谓人无信不立，企业无信不长，社会无信不稳。信用是经济发展的社会基础。唯有建立完善的社会信用体系，遵守市场经济秩序，才是致富的正道。

诚实、守信是无价的！没有了诚信，人们就再也不会相信你，没有了诚信，社会将抛弃你！信守诚信是走向成功的必备条件！

在许多成大事者的创业历史上，都把诚实守信作为自己事业的生命来看待。他们相信诚实守信要永远胜过辞藻华丽的广告，把事业建立在诚实信用的基础上，就会取得成功。

"顾客就是上帝，满意的顾客是最好的广告。"这个商业领域信条很好地体现出那些有着良好服务的商家，同时顾客也会非常乐意向别人推荐这样的商家。

诚实是立业之本。这是一个成功的商人向顾客展示自己的最好手法，他们要抓住每个顾客的心理，使其满意。成功的商人知道只有满意的顾客才有可能是回头客，才能扩大企业规模。如果顾客对他没有产生信任感，那扩大企业规模只是一句空话。

有很多银行家十分珍惜借贷人的信用，他们对那些资本雄厚，但品行不好、不值得信任的人，绝不会放贷一分钱；他们反而愿意把钱借给那些资本不多，但肯吃苦、有诚信心、小心谨慎、时时注意商机的人。

银行只有等到觉得对方实在很可靠，没有问题时，他们才肯向其贷款。在每贷出一笔款之前，一定会对申请人的信用状况研究一番：对方经营是否稳当？能否成功？信用等级如何？

罗赛尔·赛奇说："坚守诚信是成功的最大关键。"任何人都应该懂得：诚信具有无穷无尽的价值。一个人要想赢得他人的信任，就要立下极大的决心，花费大量的时间，不断努力。一般要做到以下几点：

1. 勿以恶小而为之

许多人不注意在小事上守信用，比如，借东西不还，与人约会却迟到甚至失约，答应替人办某事却迟迟不见动静……这样的小事多了，别人怎么看你且不说，你自己就会养成不守信用的习惯，以后遇到大事也会失信于人，给自己事业的发展埋下隐患。

2. 不要轻易许诺

真做不到，就真诚地说"不"，这才是诚信的态度。什么事都拍胸脯，或抹不过面子而答应别人，不但给自己增加不必要的负担，而且办不到的结果还会使自己失信于人。当然，这不是说我们不帮助别人，而是说在做出承诺之前要量力而行。

3. 不能私欲当先

坚守信用就是对人诚实不欺，而要不欺，首先就要杜绝贪念。有的人借人钱物不还，不是因为经济困难或遗忘，而是存心占人便宜。某些商家做不到"买卖公平，童叟无欺"，是为了赚昧心钱。一个人如果一门心思钻进钱眼里，那"信用"就会成为他任意摆布的一块抹布。从答应替人买紧俏商品或办事，到拿人钱物不还，成为骗子，其间的距离并不很遥远。

4. 注意自我修养

与人交易时必须诚实无欺——这是获得他人信任的最重要条件。要善于自我克制，做事必须诚恳认真，建立起良好的信誉；应该随时设法纠正自己的缺点；行动要踏实可靠，做到言出必行。

5. 养成良好的习惯

还有一些人平日为人的确很诚实可靠，但他们有一个毛病，那就是对任何事情都太马虎，这样就容易在不知不觉中使自己的信用丧失。比如，他们明明在银行里的存款已经不多，却还是开出了一张超额的支票，结果害得收款人到银行碰壁。如果这样做生意，那么他的信用将会丧失殆尽。

一个"信"字，从人从言，表示人言可靠，是做人的立身之本。一个守信用的人，体现了一种道德力量和意志力量。在市场经济条件下，信用也是我们必须遵守的公共准则。当我们在合同上、借据上、发票上……签下我们的名字时，我们就是在以自己的人格做出保证。若非不可抗拒之因，我们一定要践约；若有违反，甘受法律制裁。当然，还有一种制裁，那就是有愧于良心。

勇敢为成功铺就康庄大道

一个人在完成一番事业的过程中，总会遭遇挫折，充满困难和艰辛。

困难只能吓住那些性格软弱的人。对于真正坚强的人来说，任何困难都难以迫使他就范。相反，困难越多，对手越强，他们就越感到拼搏有味道。黑格尔说："人格的伟大和刚强只有借矛盾对立的伟大和刚强才能衡量出来。"

在困难面前能否有迎难而上的勇气，有赖于和困难拼搏的心理准备，也有赖于依靠自己的力量克服困难的坚强决心。许多人在困境中之所以变得沮丧，是因为他们原先并没有与困难作战的心理准备，当进展受挫、陷入困境时便张皇失措，或怨天尤人，或到处求援，或借酒消愁。这些做法只能徒然瓦解自己的意志和毅力，客观上是帮助困难打倒自己。他们不打算依靠自己的力量去克服困难，结果，一切可以征服困难的可行计划便都被停止执行，本来能够克服的困难也变得不可克服了。还有的人，面对很强的困难不愿竭尽自己的全力，当攻不动困难时，便心安理得地寻找理由："不是我不努力，而是困难太大了。"不言而喻，这种人永远也找不到克服困难的方法。

问题不仅仅是生活中可以接受的一部分，而且对于阅历丰富的人而言，它也是必不可少的。如果你不能聪明地利用你的问题,就绝不会掌握任何技能。最重要的是,任何时候,你都不要退缩。如果你现在不去面对问题,不去解决它,那么,日后你终将遇到类似的问题。把你的失望降低到最低程度,你才会认识到心灵上能够逾越困境才是受用一生的最大财富。

看到成功人士的成功,看到那份勇气,你多少会有点贪恋。正是这份勇气才使成大事者成功。他们在生活中跌倒,能够爬起来;他们在生活中被困扰,能够寻找出口。他们总是把自己过去的失败看作是一种勇气的复得。而你现在要做的就是找到这份勇气,去揭开生活的秘密。

1983年,布森·哈姆徒手攀壁,登上纽约的帝国大厦,在创造了吉尼斯纪录的同时,也赢得了"蜘蛛人"的称号。

美国恐高症康复联席会得知这一消息,致电"蜘蛛人"哈姆,打算聘请他做康复协会的顾问。

哈姆接到聘书,打电话给恐高症康复联席会主席约翰逊,要他查一查第1042号会员,约翰逊很快就找到了1042号会员的个人资料,他的名字正是布森·哈姆。原来他们要聘做顾问的这位"蜘蛛人",本身就是一位恐高症患者。

约翰逊对此大为惊讶。一个站在一楼阳台上都心跳加快的人,竟然能徒手攀上400多米高的大楼,他决定亲自去拜访一下布森·哈姆。

约翰逊来到费城郊外的布森住所。这儿正在举行一个庆祝会,十几名记者正围着一位老太太拍照采访。

原来布森·哈姆94岁的曾祖母听说他创造了吉尼斯纪录，特意从100千米外的家乡徒步赶来，她想以这一行动为哈姆的纪录添彩。

谁知这一异想天开的做法，无意间竟创造了一个老人徒步行走的世界纪录。

有一位记者问她，当你打算徒步而来的时候，你是否因年龄关系而动摇过？

老太太精神矍铄，说："小伙子，打算一口气跑100千米也许需要勇气，但是走一步路是不需要勇气的，只要你走一步，接着再走一步，然后一步再一步，100千米也就走完了。"恐高症康复联席会主席约翰逊站在一旁，一下明白了哈姆登上帝国大厦的奥秘，原来他有向上攀登一步的勇气。

是的，真正坚强的人，不但在碰到困难时不害怕困难，而且在没有碰到困难时，还积极主动地寻找困难。这是具有更强的成就欲的人，是希望冒险的开拓者，他们更有希望获得成功。在一个故事里，有一个勇敢的航海家，他每次总是去寻求那种与大自然抗争、与海盗搏斗的惊险航行，而恰恰是这些经历使他应付危机的能力大大增强，使他一次次大难不死，安全抵达目的地。在生活和事业中，千千万万的强者，不正是从克服他们自己找来的困难中，取得了一个又一个引人注目的成就吗？

要善于检验你人格的伟大力量。你应该常常扪心自问，在除了自己的生命以外，一切都已丧失了以后，在你的生命中还剩余些什么？即在遭受失败以后，你还有多少勇气？假使你在失败之后，从此一蹶不振，放手不干而自甘屈服，那么别人就可以断定，你根本算不上什么人物；但假如你能雄心不减、进步向前，不失望、不放弃，则可以让别人知道，你的人格之高、勇气之大，是可以超过你的损失、灾祸与失败的。

或许你要说，你已经失败很多次，所以再试也是徒劳无益；你跌倒的次数过多，再站立起来也是无用。对于有勇气的人，绝没有什么失败！不管失败的次数怎样多，时间怎样晚，胜利仍然是可期的。

当然，勇敢也是可以培养出来的：

英国杰出的现实主义戏剧家萧伯纳以幽默的演讲才能著称于世。可他在青年时，却羞于见人，胆子很小。若有人请他去做客，他总是先在人家门前忐忑不安地徘徊很久，不敢直接去按门铃。

美国著名作家马克·吐温谈起他首次在公开场合演说时，说他那时仿佛嘴里塞满了棉花，脉搏快得像田径赛跑中争夺奖杯的运动员。

可是他们后来都成了大演说家，这完全是勇于训练的结果。要克服说话胆怯的心理，可以从以下几个方面做起：

树立信心。只要树立信心，不怕别人议论，用自己的行动来鼓励自己，就肯定会获得成功。

积极参加集体活动。参加集体活动是帮助克服恐惧感，减少退缩行为的好办法。

客观评价自己。相信自己的才能，多肯定自己，并用积极进取的态度看待自己的不足，减少挑剔，摆脱自我束缚。

要克服与人交往、与人交谈的恐惧，以下几种方法是有效的训练手段：

训练自己盯住对方的鼻梁，让人感到你在正视他的眼睛。

径直迎着别人走上前去。

开口时声音洪亮，结束时也会强有力，相反，开始时声音细弱，闭嘴时也就软弱。

学会适时地保持沉默，以迫使对方讲话。

会见一位陌生人之前，先列一个话题单子。

其实，勇气就是这么来的，越是困难的工作，就越勇于承担，硬着头皮，咬紧牙关，强迫自己深入进去。随着时间的推移，会由开始的生疏到后来的熟练，由开始的紧张到后来的轻松，慢慢体会到自己的力量，增强自信心和勇气。

自制是人生走向成功的保险单

李嘉诚说："自制是修身立志成大事者必须具备的能力和条件，希望每个人都能做到自制。"

从本质上讲，自制就是你被迫行动前，有勇气自动去做你必须做的事情。自制往往和你不愿做或懒于去做，但却不得不做的事情相联系。"制"既然是规范，当然是因为有行为会越出这个规范。比如，刷牙洗脸是每天必须要做的事情，但是有一天你回到家筋疲力尽，如果你倒头就睡，是在放纵自己的行为；如果你克服身体上的疲惫，坚持进行洗漱，这是你自制的表现。人们往往会遇到一些让自己讨厌或使行动受阻挠的事情，而在这种情况下，你就应该克服情绪的干扰，接受考验。

自制的方式，一般来说有两种：一是去做应该做而不愿或不想做的事情；一是不做不能做、不应做而自己想做的事情。比如，你每天早晨坚持锻炼身体，某一天天气特别寒冷，你不想冒着寒冷继续坚持，但是你最终走出家门，继续锻炼，这就属于前者。后者的表现也较多，你喜欢抽烟，但到了无烟室，你必须强忍住内心的欲望不抽烟。

一般情况下，自制和意志是紧密相连的，意志薄弱者，自制能力较差；意志顽强者，自制能力较强。加强自制也就是磨炼意志的过程。

自制对于个人的事业来讲，发挥着重要的作用。加强自制有助于磨砺心志，有助于良好品性的形成，使人走向成功。

一个商人需要一个小伙计，他在商店里的窗户上贴了一张独特的广告："招聘：一位能自我克制的男士。每星期4美元，合适者可以拿6美元。""自我克制"这个术语在村里引起了议论，这有点不平常。这引起了小伙子们的思考，也引起了父母们的思考。这自然引来了众多求职者。

每个求职者都要经过一个特别的考试。

"能阅读吗？孩子。"

"能，先生。"

"你能读一读这一段吗？"他把一张报纸放在小伙子的面前。

"可以，先生。"

"你能一刻不停顿地朗读吗？"

"可以，先生。"

"很好，跟我来。"商人把他带到他的私人办公室，然后把门关上。他把这张报纸送到小伙子手上，上面印着他答应不停顿地读完的那一段文字。阅读刚一开始，商人就放出6只可爱的小狗，小狗跑到小伙子的脚边。这太过分了。小伙子经受不住诱惑要看看可爱的小狗。由于视线离开了阅读材料，小伙子忘记了自己的角色，读错了。当然他失去了这次机会。

就这样，商人打发了70个男孩。终于，有个男孩不受诱惑一口气读完了。商人很高兴。他们之间有这样一段对话：

商人问："你在读书的时候没有注意到你脚边的小狗吗？"

男孩回答道："对，先生。"

"我想你应该知道它们的存在，对吗？"

"对，先生。"

"那么，为什么你不看一看它们？"

"因为我告诉过你我要不停顿地读完这一段。"

"你总是遵守你的诺言吗？"

"的确是，我总是努力地去做，先生。"

商人在办公室里走着，突然高兴地说道："你就是我要的人。明早7点钟来，你每周的工资是6美元。我相信你大有发展前途。"男孩的发展的确如商人所说。

克制自己是成功的基本要素之一！太多的人不能克制自己，不能把自己的精力投入到他们的工作中，完成自己伟大的使命。这可以解释成功者和失败者之间的区别。青年人，即使天掉下来，你也要克制住自己！要学会自我克制！这是品格的力量。要有克服困难的意志。能够驾驭自己的人，比征服了一座城池的人还要伟大。"意志"造就人，造就机遇，造就成功。

拿破仑·希尔曾经对美国各监狱的16万名成年犯人做过一项调查，结果他发现了一个令人惊讶的事实：这些人之所以身陷牢狱，有99%的人是因为缺乏必要的自制，没有理智，从不约束自己的行为，以致走向犯罪的深渊。

人类是有自我意识的高级动物，只要我们有意识去进行自我控制，一定可以成功。下面是一些有效进行自我控制的方法：

1. 尽量不要发怒

庸夫之怒，以头抢地，发怒不但解决不了问题，而且容易把问题复杂化，容易伤害别人和自己。

2. 受到不公平对待时，不要怨天尤人

这是一种消极的心理，不但得不到别人的同情，反而容易引起别人的反感。

3. 要改变自己急躁的习惯

有些事情着急也是没有用的，该来的终究会来，该发生的终究会发生。保持镇定自若，稳如泰山。要知道，欲速则不达，急于求成反而深受其害。

4. 受到别人不公平待遇时，要抑制住自己的委屈

一个人可以一时受委屈，但不会一世受委屈。就像太阳一样，它是最公正无私的，然而它的光芒也无法照遍地球上的每一个角落。天总有晴空万里的时候，人总有扬眉吐气的时候，关键是自己要看得开、放得下。

5. 要抑制住自己悲愤的情绪

社会上的人各色各样，谁都免不了受到伤害。所以，在努力保护自己的同时，要冷静理智地寻求解决问题的办法，而不要悲愤难当。

6. 不要像井底之蛙一样狂妄自大

狂妄会引起别人的讨厌，会引起别人对自己的排挤。其实，任何能力都有局限性，强中自有强中手，能人背后有能人。

7. 学会自我娱乐

要经常进行自我娱乐来调节身心，使自己轻松快乐，但不可过度，因为"业精于勤荒于嬉，行成于思毁于随"。

8. 不要放纵自己

"酒是穿肠的毒药，色是刮骨的钢刀"，切记不可放纵自己，

使自己迷失方向，使自己意志涣散，走向堕落。

　　自制是在行动中形成的，也只能在行动中体现，除此之外，再没有别的途径。梦想自己变成一个自制的人就会变成一个自制的人吗？靠读几本关于如何自制的书就能成为一个自制的人吗？只是不停地自我检讨就能成为一个自制的人吗？答案都是否定的。

　　自制的养成是一个长期的过程，不是一朝一夕的事情。因此，要自制首先就得勇敢面对来自各方面的一次次对自我的挑战，不要轻易地放纵自己，哪怕它只是一件微不足道的事情。

　　自制，同时也需要主动，它不是受迫于环境或他人而采取的行为；而是在被迫之前，就采取的行为。前提条件是自觉自愿地去做。

　　在日常生活中，时时提醒自己要自制，同时你也可以有意识地培养自制精神。比如，针对你自身性格上的某一缺点或不良习惯，限定一个时间期限，集中纠正，效果比较好。

　　千万不要纵容自己，给自己找借口。对自己严格一点儿，时间长了，自制便成为一种习惯，一种生活方式，你的人格和智慧也因此变得更完美。

第六章
DI LIU ZHANG

性格拉动健康,身心健康才是真正的健康

性格与健康密切相关

研究资料表明，各种精神疾病，特别是神经官能症往往都有相应的特殊性格特征为其发病基础。例如强迫性神经症，其相应的特殊性格特征称为强迫性性格，其具体表现是谨小慎微、求全责备、自我克制、优柔寡断、墨守成规、拘谨呆板、敏感多疑、心胸狭窄、事后易后悔、责任心过重和苛求自己等。又如，与癔症相联系的特殊性格特征是富于暗示性、情绪多变、容易激动、耽于幻想、以自我为中心和爱自我表现等。有人以癔症为例，对精神刺激因素和特殊性格特征这两种因素在造成心理障碍过程中所起作用的相互关系，用一个长方形来表示。长方形中的一条对角线将其分为两个三角形，上方的三角形表示精神刺激因素，下方的三角形表示特殊人格特征。如果与癔症相联系的性格特征越明显，则只要有较轻微的精神刺激因素即可致病；相反，与癔症相联系的特殊性格特征越不明显，则需要有较强烈的精神刺激因素的作用才能致病。此外，精神分裂症被认为是与孤僻离群、多疑敏感、情感内向、胆小怯懦、较爱幻想等特殊性格特征密切相关。

有些人平时特别容易激动，生活中一遇到困难或稍有不如意的事情，就整天焦虑、紧张，还有恐惧感，这种性格的人很容易引发疾病。

有的人生来乐观，而有的人却容易悲观失望，抑郁性格的人遇到一点不顺心的事就容易情绪消沉，对工作、活动丧失兴趣和愉快感，忧心忡忡，有时还有自杀念头，很容易得抑郁症。

性格与健康之间应该是互动的关系，我们常说的身心平衡，就是这个意思。一个人心情好了健康状况就会好，人的身体健康了心情也就自然会舒畅。

坚强的意志和毅力，能增强人体的免疫力。而免疫力又受到神经系统和内分泌系统的调节和支配。神经系统是由中枢神经（大脑）和周围神经组成。由这两个系统通过神经纤维与激素来调节和支配免疫系统，而免疫系统同样对神经、内分泌系统有调节作用，相互调控使机体与外界保持动态平衡、维护身体健康。一旦某个环节发生故障，自身调节障碍，都可能对其他系统的功能产生影响而致病。

乐观、知足、友善的个性和恬淡、平和的心态，能刺激人体释放大量有益于健康的激素。大脑可以合成50余种有益物质，指令自身免疫功能，其功能状况往往决定人对疾病的易感性和抵抗力。

恐慌、自我封闭、敏感多疑、多愁善感，或过于争强好胜，或过分追求完美，都容易造成内心冲突激烈、人际关系紧张，这种状况会抑制和打击免疫监视功能，诱发或加重疾病。

俗话说:"人非草木,孰能无情。"在我们生活的大千世界中,每个人都要面对许多人和事的变化,都要受到各种各样的刺激和影响。针对某一事物,不同的性格会表现出不同的情绪反应。情绪反应不仅要通过心理状态而且要通过生理状态的广泛波动实现。我国医学把人的情绪归纳为七情:喜、怒、忧、思、悲、恐、惊。当这些精神刺激因素超过人的承受限度,或长期反复刺激,便会引起中枢神经系统的失控,内脏功能紊乱,从而引发疾病。

人的心态,尤其是情感和情绪是生命的指挥仪和导向仪。在一切对人不利的影响中,最使人颓丧、患病和短命夭亡的就是不良情绪和恶劣心境。相反,心理平衡、笑对人生,特别有利于身心健康。所以有人说:"自信而愉快是大半个生命;自卑和烦恼是大半个死亡。"愉快的情感会使健康人不容易患病,而使患病者乃至危重病人也能得以康复,创造奇迹。

因此,我们说性格是生命的指挥仪和导向仪。保持良好的性格是促进健康的重要因素,是保证健康的重要秘诀。

心理影响生理

所谓"健康"是包括身体健康和心理健康两大方面的,而这两方面又是相互影响的,身体会影响到心理,而心理也会影响到身体。从科学的角度来说,不仅我们的心理上不允许我们流露出脆弱的性格特质来，我们的身体也不允许。如果你放任自己的不良情绪，身体就会乱了套。这是身体因你不具备坚强的性格而在"惩罚"你。

有这样的个案：考试即将来临，紧张繁重的学业压得小王喘不过气。这些天，她常莫名其妙地烦躁和焦虑，到了晚上，终于可以一个人静下来时，她却失眠了。

专家给小王安排了一个特殊的游戏课程。一种类似于耳机的微电极戴在小王的头部，耳机另一头用连线接在电脑上。启动程序，电脑屏幕上出现了游戏界面，随着轻松的音乐，小王逐渐放松，并进入游戏中，面对屏幕上滑稽可爱的动画，还有富有趣味性的提问，小王的脑电波信号传输到电脑设备上，用自己头脑中传出来的电波操纵着游戏进程，一路过关。

游戏结束后，小王紧张烦躁的症状没了，整个人也彻底放松了一次。经历过几次这样的游戏课程，小王笑着说："这几天睡得可真香！"

这是生物反馈治疗。通过这种类似控制大脑思想的治疗，可以稳定患者的情绪，调整控制身体功能。

其实，早在20世纪就有学者对情绪波动对人体脑运动的影响做过研究。研究显示，当患者情绪忧郁、恐惧或易怒时，可显著影响脑的正常功能，脑活动也明显受到抑制。据统计，功能性的脑功能障碍患者中符合抑郁症诊断标准的占30%以上，脑功能紊乱患者中50%以上伴有抑郁。

由于人们对心理、精神障碍可以引起诸多的躯体症状认识不足,所以,很难想到某些症状会是由心理、精神障碍引起的,其实如果能及时到医院就诊,经医生鉴别,如果消化道症状是由于抑郁引起的而非躯体器质性疾病所致,这些症状的消除就需要抗抑郁的治疗。抗抑郁治疗一般常用心理治疗与药物治疗相结合的方法。患者可以从医生那里得到真诚的解释、劝告、建议和纠正一些不正确的认识。当心理治疗效果不理想时,经医生诊断后可遵医嘱服用抗抑郁药物,一般都会取得较好的疗效。随着情感障碍的纠正,因它引起的身体的各种不适症状也会随之好转。

沮丧会影响你的心脏

我们在日常生活中常常会遭受到坏情绪侵袭,这会使我们暴露出忧郁、焦虑、恐慌、空虚、烦躁等不良的性格特质。由于这些特质时常存在,我们也习惯了,并不会对此加以重视。

但你有没有想过这些性格特质可以损害你的心脏——这绝不是危言耸听。美国俄亥俄州立大学的一项研究报告指出,无论男人或女人,心情沮丧与心脏病皆有关系,但男人因心脏病死亡的概率较高。

这项报告的作者说,他们发现,沮丧的妇女较不沮丧的妇女罹患心脏病与其他心脏疾病的机会多73%，但因心脏病死亡的机会并未增加。沮丧的男子较不沮丧的男子罹患心脏病的机会多71%，因心脏病死亡的机会多2.34倍。

研究说明："目前尚不清楚为何女性沮丧与冠状动脉心脏病有关，但却不一定会死亡。"

那为什么男人比女人会更容易死于心脏病呢？这与男人和女人的性格差异有着巨大的关系。尤其是在现代社会，社会对男人的要求很高，其压力也很大。而自古就有"男儿有泪不轻弹"的思想束缚着男人的情绪和压力的发泄，他们总是把压力和沮丧一直封闭在内心深处，久而久之，一旦爆发后果将不堪设想。而女人则不同，女人较男人更加感性，她们在面对压力或沮丧时可以毫无顾忌地大哭，而哭又正是一个人情绪和压力发泄的最好途径，也正因为如此，她们的心理往往比男人更健康。

沮丧与心脏病间显然有许多关联因素，包括沮丧的人更可能会有高血压的危险，也可能有更多心悸的问题等。

因此，一旦你沮丧的时候，一定要及时调整，早日从这种坏情绪中走出来。下面几种方法也许会对你有所帮助：

1. 自我设问法

通过自己设问自己回答，寻找产生沮丧的原因。

2. 元气恢复疗法

在心情特别沉闷时，为了驱散它，就要爽朗行事，行动要有自信，不要愁眉不展，而要挺胸、扬眉、谈笑风生、考虑振奋人心的事，提起精神，驱散心头沉闷，直到真正恢复元气。

3. 自我调整法

人们常因思考方法不对，学习习惯、工作习惯及生活方式不良而屡遭挫折，感到沮丧。对自己的思考、行为习惯和生活方式进行适当调整，以使自己适应变化的环境，也能有效地治愈沮丧。

4. 色彩疗法

当一个人感到沮丧时，他会觉得眼前一片灰暗。一个沮丧的人如若老是待在屋里，更会产生被禁锢的感觉。色彩疗法对沮丧的人能起到心理松弛的作用，有利于控制沮丧情绪，因此，应该在感到沮丧时多出来走走，在大自然中感受艳丽的颜色，从而驱赶沮丧的情绪。

失眠的困扰

在我国城市居民中，失眠症的发病率已高达 10%～20%。估计有睡眠障碍的人数还要在这之上。

人更多的是由于情绪紧张不安、心情抑郁、过于兴奋、生气愤怒等引起失眠，而这些不良情绪则与人的性格有关，而由性格导致的心理因素又会影响人们的睡眠。有学者研究发现，在 300 例失眠患者中，85% 的人是由于心理因素引起的。忧郁症、神经衰弱、精神分裂症的病人大多失眠。心理因素对失眠有着重要的影响,反过来失眠又影响到人的心理。失眠使人精力不足、精神萎靡、注意力不集中、情绪低沉,使人急躁、紧张、易发脾气,降低人的学习效率与工作效率。长期失眠有可能使人的感受能力降低,记忆力减退,思维的灵活性减低,计算能力下降,还会使人的情绪状态发生一些改变。失眠对人的心理影响程度不仅取决于失眠的长短和严重的程度,而且在相当大的程度上取决于失眠患者的心理状态和对失眠的认识态度。

在诸多失眠因素之中,最重要的是心理、精神因素,而这些都与人的性格密切相关。短时间失眠,常是因环境应激事件引发,而一旦这种应激逐渐消退,就可恢复正常睡眠;而长期失眠者,忧虑是失眠的最常见的病因。恐惧症、焦虑症、疑病症、强迫症与失眠的关系都很密切。

因此,我们如果要保持健康的睡眠,除了要有合适的环境外,我们的个人心态很重要。环境通常很难改变,而心态却可以做一定的调节,以有利于我们更好地休息。

睡眠最主要的还是一个质量问题。每天能够很好地睡上三四个小时要比脑子里乱七八糟地睡上 10 小时都好。不管你再怎么倒霉,遇到再烦恼的事,也应该睡个好觉,保持一个好的精神状态。

以下几种是有利于正常睡眠的合适心态和方法:

(1)拥有平静的心态、放松的心境、稳定的情绪。

(2)关心个人健康,愿意有规律地生活,遵守按时睡眠习惯。

（3）意识到一天的生活和工作已结束，有休息的愿望，不把烦恼问题带到床上。

（4）临睡前喝一杯浓牛奶，牛奶有助眠的作用。

（5）放一些薰衣草香味的饰物在床头，薰衣草的香味可使人放松。

（6）可以在睡眠中进行数数一直到不知不觉地睡着。

（7）保证充足的睡眠时间，8小时为宜。

学会做自己的心理医生

生活中的每一个人，承担各自的社会责任，都存在不同程度的心理卫生问题。随着社会不断变革，人们的情感、思维方式、知识结构、人际关系在发生变化，诱发心理问题的因素也是多种多样的。据专家介绍，由于现代人的生活方式的改变、生活节奏的加快，一些人的盲目行为增多，加之过分追求短期效益，失败的概率较高，造成内心失去平衡，容易产生心理问题。心理专家认为：一个人的心理状态常常直接影响他的人生观、价值观，直接影响到他的某个具体行为。因而从某种意义上讲，心理卫生比生理卫生显得更为重要。从理论上讲，一般的心理问题都可以自我调节，每个人都可以用多种形式自我放松，缓和自身的心理压力和排解心理障碍。面对"心病"，关键是你如何去认识它，并以正确的心态去对待它。但只要提高自己的心理素质，学会心理自我调节，学会心理适应，学会自助，每个人都可以在心理疾患发展的某些阶段成为自己的"心理医生"。

第一，要加强修养，遇事泰然处之。要清醒地认识到生命总是由旺盛走向衰老直至消亡，这是不能抗拒的自然规律。应当养成乐观、豁达的个性，平静地接受生理上出现的种种变化，并随之调整自己的生活和工作节奏，主动地避免因生理变化而对心理造成的冲击。事实上，那些拥有宽广胸怀、遇事想得开的人是不会受到灰色心理疾病困扰的。

第二，要合理安排生活，培养多种兴趣。人在无所事事的时候常会胡思乱想，所以要合理地安排工作与生活。适度紧张有序的工作可以避免心理上滋生失落感，令生活更加充实，而充实的生活可改善人的抑郁心理。同时，要培养多种兴趣。爱好广泛者总觉得时间不够用，生活丰富多彩就能驱散不健康的情绪，并可增强生命的活力，令人生更有意义。

第三，尽力寻找情绪体验的机会。一是多想想你所从事的事业，时时不忘创新，做出新的成绩，跃上新的台阶；再者要关心他人，与亲朋、同事同甘共苦，无论悲欢离合，都是对心理的撼动，它会使人头脑清醒、心胸开阔；三是多参加公益活动，乐善好施，为子孙造福。最好是学会一门艺术，无论唱歌弹琴、写作绘画、集邮藏币，都会使你进入一种新的境界，产生新的追求，要在你的爱好之中寻找乐趣。

第四，保持心理宁静。面对大量的信息不要紧张不安、焦急烦躁、手足无措，要保持心情宁静，学会吸收现代科学信息的方法，提高应变能力。还要尽量多地设想出获取它们的可行途径，并选择一个最佳方案行动，从而减轻个人的心理负担，收到事半功倍之效。

第五，适当变换环境。一个人在一个缺乏竞争的环境里容易滋生惰性，不求有功但求无过，过于安逸的环境反而更易引发心理失衡。而新的环境，接受具有挑战性的工作、生活，可激发人的潜能与活力，变换环境进而变换心境，使自己始终保持健康向上的心理，避免心理失衡。

第六，正确认识自己与社会的关系。要根据社会的要求，随时调整自己的意识和行为，使之更符合社会规范。要摆正个人与集体、个人与社会的关系，正确对待个人得失、成功与失败。这样，就可以避免心理失衡。

走出心理牢笼

就人本身的生物属性而看，人整个身心在不停运转的过程中，不可能总是一帆风顺，而是会不同程度地呈现出一种周期性情绪起伏现象，在某些时候心理状态趋于异常。

为什么正常的人也会间歇性地发生心理异常现象呢？其"病

因"主要有如下几个方面：

其一，人本身固有的"情绪积累"(兴奋或压抑)达到一定程度，就容易出现身心失衡，这时就需要通过某种适当的方式来发泄。

其二，工作和生活压力所迫，超过了身心所能承受的负荷，激起了情绪的"抗议"。

间歇性轻度情绪失控、轻度心理异常虽然不属于"疾病"之列，但它毕竟是一种消极的心理现象。因此，我们同样要引起重视并对其进行积极的缓解和引导，无论对于"患者"还是其家人、朋友，一旦遭遇上这种"莫名其妙"的轻度心理异常现象，都应该首先正视它，然后再"对症下药"，尽快让其走出心理误区。

著名心理健康专家乔治·斯蒂芬森博士总结出11条保持心理健康的方法，可供参考：

（1）当苦恼时，找你所信任的、谈得来、同时头脑也较冷静的知心朋友倾心交谈，将心中的忧闷及时发泄出来，以免积压成疾。

（2）遇到较大的刺激，或遭到挫折、失败而陷入自我烦闷状态时，最好暂时离开你所面临的环境，转移一下注意力，暂时回避以便恢复心理上的平静，将心灵上的创伤填平。

（3）当情感遭到激烈震荡时，宜将情感转移到其他活动上去，忘我地去干一件你喜欢干的事，如写字、打球等，从而将你心中的苦闷、烦恼、愤怒、忧愁、焦虑等情感转移、替换掉。

（4）对人谦让，自我表现要适度，有时要学会当配角和后台工作人员。

（5）多替别人着想，多做好事，可使你心安理得、心满意足。

（6）做一件事要善始善终。当面临很多难题时，宜从最容易解决的问题入手，逐个解决，以便信心十足地完成自己的任务。

（7）性格急躁的人不要做力不从心的事，并避免超乎常态的行为，以免紧张、焦躁，心理压力过大。

（8）对别人要宽宏大量，不强求别人一定都按你的想法去办事，能原谅别人的过错，给别人以改过的机会。

（9）保持人际关系的和谐。

（10）自己多动手，破除依赖心理，不要老是停留在观望阶段。

（11）制订一份既能使你愉快，又切实可行的休养身心的计划，给自己以盼头。

现代社会要求人们心理健康、人格健全，不仅要拥有良好的智商，还要有良好的情商。在出现心理问题时，人们开始重视并寻求咨询和医疗，这是社会文明进步和人们文化素质提高的一种表现。据专家介绍，生活条件越好，文化层次越高，人们对心理卫生的需求也就越迫切。随着科学文化知识的普及和心理卫生服务的完善，解决"心病"会有更多更好的渠道和办法。

身心健康的"营养素"

现代人在很多时候很多场合都会产生一些异常心理，虽说这些异常心理人人都有，是正常的心理现象，但是必须在其尚未完全异常前加以调适。现代人的心理失衡是一种不健康状态，已经成为一种严重的社会问题，因此，必须设法摆脱心理失衡使思维正常运作，走出心灵的误区。

健康包括身体和心理两个方面，身体健康和心理健康一直是互相影响的。

临床上常见一些患者，总觉得身体到处都是病痛，做了无数次检查却查不出问题，最后转到精神科，诊断为"躯体化障碍"。"躯体化障碍"通俗地讲，就是心理毛病转化为躯体不适。

一般人都知道，身体的生长发育需要充足的营养，事实上，心理"营养"也非常重要，若严重缺乏，则会影响心理健康。那么，人重要的心理健康"营养素"有哪些呢？

1. 最为重要的精神"营养素"是爱

爱能伴随人的一生。童年时期主要是父母之爱，童年是培养人心理健康的关键时期，在这个阶段若得不到充足和正确的父母之爱，就将影响其一生的心理健康发育。少年时期增加了伙伴和师长之爱，青年时期情侣和夫妻之爱尤为重要。中年人社会责任重大，同事、亲朋和子女之爱十分重要，它们会使中年人在事业、家庭上倍添信心和动力,让生活充满欢乐和温暖。至于老年人,晚年幸福是关键。

2. 重要的精神"营养素"是宣泄和疏导

无论是转移回避还是设法自我安慰,都只能暂时缓解心理矛盾,而适度的宣泄具有治本的作用,当然这种宣泄应当是良性的,以不损害他人、不危害社会为原则,否则会恶性循环,带来更多的不快。心理负担若长期得不到宣泄或疏导,则会加重心理矛盾,进而成为心理障碍。

3. 善意和讲究策略的批评,也是重要的精神"营养素"

一个人如果长期得不到正确的批评,势必会滋长骄傲自满、固执、傲慢等毛病,这些都是心理不健康发展的表现。过于苛刻的批评和伤害自尊的指责会使人产生逆反心理。遇到这种"心理病毒"时,就应提高警惕,增强心理免疫能力。

4. 坚强的信念与理想也是重要的精神"营养素"

信念与理想对于心理的作用尤为重要。信念和理想犹如心理的平衡器,它能帮助人们保持平稳的心态,渡过坎坷与挫折,防止偏离人生轨道,进入心理暗区。

5. 宽容也是心理健康不可缺少的"营养素"

人生百态,万事万物不可能都顺心如意,无名之火与萎靡颓废常相伴而生,宽容是脱离种种烦扰、减轻心理压力的法宝。

第七章
DI QI ZHANG

拥有良好性格,做最好的自己

切莫清高孤傲

性格清高而孤傲的人往往把自己抬得太高而将别人看得很低,这样,他们总是以一副高高在上、盛气凌人的架势去对待别人,势必会引起别人的反感。这种性格的人在社交中很难交到朋友,而且容易孤立自己,拒他人于千里之外,久而久之则会形成社交障碍,成为一个不为人们喜欢的人。

中国的传统文化素来鄙视傲慢,崇尚平等待人。一般来说,知识越多,学问越广的人就会越谦虚。被奉为千古宗师的孔子说过这样的话:知之为知之,不知为不知。莫忘三人行必有我师。谦逊的态度会使人感到亲切,傲慢的架子会使人感到难堪。

相传南宋时江西有一名士性格极其傲慢,凡人不理。一次他提出要与大诗人杨万里会一会。杨万里谦和地表示欢迎,并提出希望他带一点江西的名产配盐幽菽。名士见到杨万里后开口就说:"请先生原谅,我读书人实在不知配盐幽菽是什么乡间之物,无法带来。"杨万里则不慌不忙地从书架上拿下一本《韵略》,翻开当中一页递给名士,只见书上写着:"豉,配盐幽菽也。"

原来杨万里让他带的就是家庭日常食用的豆豉啊!此时名士面红耳赤,方恨自己读书太少,后悔自己为人不该傲慢。

要想改掉自己傲慢的性格需要注意做到如下两点：一是认识自己；二是平等待人。防止傲慢首先要认识自己。一个人要正确认识自己是很不容易的。傲慢的人要么自以为有知识而清高，要么自以为有本事而自大。殊不知，山外有山，楼外有楼，还有能人在前头。人贵有自知之明，古今中外成大事业者，都是虚怀若谷，好学不倦，从不傲慢的人。宋代文学家欧阳修，其晚年的文学造诣可说是达到了炉火纯青的地步，但他从不恃才傲物，仍一遍遍修改自己的文章。他的夫人怕他累坏了身体，劝他说："何必这样自讨苦吃？又不是小学儿，难道还怕先生生气吗？"欧阳修回答说："不是怕先生生气，而是怕后生笑话！"虚心自知，才是医治傲慢的一剂良方。

与人交往一定要做到平等待人。平等待人不仅是文明礼貌的行为，也是人品和性格修养的天平。平等待人是针对傲慢无理而言的。它要求人们在社会交往中，不管彼此之间的社会地位和生活条件有多大的差别，都要一视同仁，切忌"势利眼"。古人言"不谄上而慢下，不厌故而敬新"，就是告诉我们待人时不应用卑贱的态度去巴结逢迎有权势、有钱财的人，而怠慢经济条件较差、社会地位不高的人。人本无高低贵贱之分，每个人都有自己的人格，人格作为人的一种意识和心理深深地附着在人的身上。维护人格的基本要求是不受歧视，不被侮辱，即要求平等。

如果你不愿遭到别人的反感、疏远，那你要在做人上多个"心眼"，切勿性格傲慢和过分强调自我，要注意加强品德修养，谨防傲慢，这样你的生活会更加幸福和愉快。

因此，在别人面前，我们切不可过于突出自己清高孤傲、不可一世的性格特征，一定要懂得去平等地对待我们身边的每一个人。对别人的尊重也是对自己的尊重，要记住：我们期待别人怎样对待我们，那么，我们也要去怎样对待别人。

拥有几个志同道合的挚友

良好的人际关系来源于良好的性格。良好的性格总是能让你远离挫折所带来的伤害，在最短的时间内给你最好的慰藉。然而，挫折实际上是不可避免的。

因此，每一个正常的人，总要有几个思想上、学习上或生活上志同道合的挚友，可以经常从他们那里获得鼓励、信任、支持和安慰等。想收获挚友，你必须拥有良好的性格。这样，你就能建立良好的人际关系，避免由于人际关系的紧张而导致的心理挫折，即使偶尔出现这种挫折，也能很快消除。

美国杰出的人本主义心理学家罗杰斯这样说过："我希望人们能听我倾诉自己的心里话。在我的一生中，有好几次感到自己因无法解决问题而火冒三丈，或者陷入苦恼不堪的恶性循环中而不能自拔，或者一时被绝望的心情和认为一切都毫无价值和意义的心情所压倒。可以肯定，在这时候我已经处于病态的心理状态。

我比大多数人幸运的是，在这些时候我总能找到人倾诉自己的苦衷，由此使我从精神纷乱中解脱出来。最幸运的是，他们往往能够比我自己更深刻地倾听和理解我的意思。然而，使人万分惊讶的是，如果有人倾听并理解你，那些可怕的情感就立刻变得可以忍受，那些似乎不可思议的因素都会变得合乎情理易于理解，那些看来永远无法澄清的迷惘困惑也都变成比较清澈透明的涓涓细流。我一直很珍视别人能以敏感的、充满感情的、聚精会神的方式听我倾诉的可贵时刻。"

当你满腹冤屈的时候，到朋友那里，滔滔不绝地说出来，就会得到同情和安慰。也许，朋友给你物质上的帮助是有限的，但给你精神上的帮助却是无法计算的。

要建立和谐的人际关系，要使自己受人喜爱，受人欢迎，让他人觉得跟你做朋友十分有趣，这需要你花些心思和时间来培养自己，拥有良好的性格。拥有良好的性格，你就会懂得关心别人，与别人友好相处，从而结交到更多朋友。

学会赞美他人

真诚的赞美，于人于己都有重要意义。对别人来说，他的优点和长处，因你的赞美显得有光彩，从而使他拥有愉悦的心情，进而使他展现出自己良好的性格特质，对你礼貌相加；对自己来说，你懂得赞美别人的优点和长处说明你是个拥有良好性格的人，你会因此收获很多朋友。所以生活中，我们应该学会去称赞别人。

渴望赞扬是每个人内心的一种基本愿望。美国心理学家威廉·詹姆斯说："人类本性上最深的企图之一是期望被赞美、钦佩、尊重。"

社交场合中，赞美他人已成为一门独立的学问，能否掌握和运用这门学问，使之符合时代的要求，这是衡量现代人的素质的一个标准，也是衡量一个人交际水平高低的标志之一。

很多老师都有这样的经验：对落后的学生，过多的处罚和批评是无济于事的。这些学生粗一看简直一无是处，但你只要找到一件值得赞美的事，对他们予以赞美，他们就会大为改观，似乎有了一种脱胎换骨的变化。

赞美固然不能给你的生活带来实质性的改变，但往往对人产生深刻的影响，有的赞美甚至能改变人的一生。由于小小的误会或久未接触，人与人之间难免会产生一定的距离。消除这些距离的很有效的方法就是恰到好处地赞美对方，这样，双方的关系和感情将会更加融洽。

"称赞对温暖人类的灵魂而言，就像阳光一样，没有它，我们就无法成长开花。但是我们大多数的人，只是敏于躲避别人的冷言冷语，而我们自己却吝于把赞许的温暖阳光给予别人。"著名的心理学家杰丝·雷耳如是说。

19世纪初，伦敦有个年轻人立志做一名作家。他好像什么事都不顺利。这个年轻人还时常受饥饿之苦。他几乎有4年的时间没有上学。他的父亲锒铛入狱，只因无法偿还债务。最后，他找到一份工作，在一个老鼠横行的货仓里贴鞋油瓶的标签。晚上在一间阴森静谧的房子里，和另外两个男孩一起睡，他们两个人是从伦敦的贫民窟来的。这个年轻人对自己的作品毫无信心，所以他趁深夜溜出去，把他的第一篇稿子寄出去，免得遭人笑话。虽然一个接一个的故事都被退稿了，但最后他终于被人接受了。虽然他一先令都没等到，但是一位编辑夸奖了他。这位编辑发现了他的才华。他的心情太激动了，为此他漫无目的地在街上乱逛，泪流满面。

你也许听说过这个男孩，他的名字叫查尔斯·狄更斯。因为一个故事的付梓，他所获得的嘉许，改变了他的一生。假如不是那位编辑的夸奖，他可能一辈子都在老鼠横行的工厂做工。史金纳的基本观点是用赞美来代替批评和冷漠，这位伟大的心理学家以动物和人的实验来证实，当减少批评而多多鼓励和夸奖时，人所做的好事会增加，而那些消极堕落的事会减少。

谈到改变人，假如你我愿意激励一个人来了解他自己所拥有的内在宝藏，那我们所能做的就不只是改变人了，我们能彻底地改造他。人人都渴望被赏识和认同，而且会不计一切去得到它。但没有人会要阿谀这种不诚恳的东西。

威廉·詹姆斯认为："往大处讲，每一个人离他的极限还远得很。他拥有各种能力,但未能运用它。若与我们的潜能相比,我们只是半醒状态。我们只利用了我们的肉体和心智能源的极小的一部分而已。"

在这些没能开发的能力之中,有一种重要的能力,那就是赞美别人、鼓励别人、激励人们发挥潜在的能力。我们有时候会感觉大部分朋友对我们表现良好的地方好像都不置一语,视为理所当然,可是当我们犯了错误,马上就有人来提醒我们,责备我们,甚至训斥我们。能力会在批评下萎缩,而在赞美下绽放花朵。要成为有所作为的领导者,我们要赞美最细小的进步,而且是赞扬每一次的进步;要诚恳地认同和慷慨地赞美。

但是,若在赞美别人时,不审时度势,不掌握一定的技巧,即使你是真诚地赞美,也会使好事变为坏事。因此,赞美是件好事情,但并不是一件很容易就做到的事情。

所以,要注意使用正确的赞美方法:

1. 尊重事实,用词得体

赞美只能在事实的基础上进行。在开口称赞别人之前,先要掂量一下,这种赞美有没有事实根据,对方听了是否会相信,第三者听了是否不以为然。一旦出现异议,你有无足够的证据来证明自己的赞美是站得住脚的。

2. 曲线赞美他人

在赞美别人时,如果太直截了当,有时反而会使他感到虚假,或者会使人疑心你不是真诚的。一般来说,曲线赞美无论在大众场合，还是在个别场合，都能传达给所赞美的对象，除了起到赞美和鼓舞作用外，还能使对方感到你的赞美是发自肺腑的。

3. 内容具体

缺乏热诚的空洞的称赞并不能使对方感到高兴，有时甚至会引起对方的反感，进而认为你是一个虚伪的人，因为你不真诚的态度说出敷衍的话是赞美别人时最忌讳的。因此，一定要牢记，在赞美别人的时候去发现对方身上的闪光点，然后再真诚地对他的闪光点进行赞美。这样你的赞美才是真诚而有效的。

4. 把握赞美的度

合理地把握赞美的"度"，是一个必须重视的问题。这一点十分重要。因为适度的赞美，会使人心情舒畅；否则，会使人难堪、反感。赞美是一门艺术，可以使别人和自己快乐。一般来说，必须做到：

（1）赞美他人要实事求是，恰如其分。

（2）赞美的方式要适宜，即针对不同的对象，采取不同的赞美方式和口吻去适应对方。如对年轻人，语气上可稍微夸张些；对德高望重的长者，语气上应带有尊重的口吻；对思维机敏的人，要直截了当；对有疑虑心理的人，表达要尽量明显，把话说透。

所谓"送人玫瑰，手有余香"，因此，不要吝啬你对他人的真诚的赞美，要知道，你在赞美他人的同时也会收获愉悦的心情，而且可以让别人感受到你是个拥有极好性格的人，从而使人们更愿意与你交往。

吃亏是福

　　性格修养高的人能从吃亏中学到智慧，悟透人生。在中国传统思想中，有"吃亏是福"一说。这是中国哲人所总结出来的一种人生观——它包括了愚笨者的智慧、柔弱者的力量，领略了生命含义的旷达和由吃亏退隐而带来的安稳与宁静。"吃亏是福"的信奉者，同时也一定是一个"和平主义"的信仰者。林语堂在《生活的艺术》中对所谓"和平主义者"这样写道："中国和平主义的根源，就是能忍耐暂时的失败，静待时机，相信在万物的体系中，在大自然动力和反动力的规律运行之上，没有一个人能永远占着便宜，也没有一个人永远做'傻子'。"

　　大智者，常常是若愚的。而且，唯有其"若愚"，才显其"大智"本色。其中的"若"这个字在这里很重要，是"像"的意思，而不是"是"的意义。以下是唐代的寒山与拾得（他们二人实际上是一种开启人的解脱智慧的象征）两个人的对话。

　　一日，寒山谓拾得："今有人侮我、笑我、蔑视我、毁我、伤我、嫌恶恨我、诡谲欺我，则奈何？"拾得曰："子但忍受之，依他、让他、敬他、避他、苦苦耐他、不要理他。且过几年，你再看他。"

那个高傲不可一世的人的结局就可想而知了,而我们也一定可以想象得出寒山的胜利的微笑——尽管这可能是一种超脱者的微笑。不过,它的确会给我们的生活带来一些好处。

就如我们用瓷或泥做的储钱罐。在小时候,我们常将父母给的一些零用钱放进去,当这个储钱罐满的时候,我们就将它打破,而将其中的钱取出来。然而,当它是空的时候,它却可以保全它的自身。

所以,如果我们知道福祸常常是并行不悖的,而且福尽则祸亦至,而祸退则福亦来的道理,那么,我们就真的应采取"愚""让""怯""谦"这样的态度来避祸趋福。所以,像"愚""让""怯""谦"这样道气十足的话必定是哲人之言,也是中国传统思想中的一部分。

"吃亏"也许是指物质上的损失,但是一个人的幸福与否,却往往是取决于他的心境如何。如果我们用外在的东西,换来了心灵上的平和,那无疑是获得了人生的幸福,这便是值得的。

若一个人处处不肯吃亏,而处处必想占便宜,于是,妄想日生,骄心日盛。而一个人一旦有了骄狂的态势,肯定会侵害别人的利益,于是便起纷争,在四面楚歌之下,又焉有不败之理?

因此,人最难做到的,即"吃亏是福"的前提,一个是"知足",另一个就是"安分"。"知足"则会对一切都感到满意,对所得到的一切,内心充满感激之情;"安分"则使人从来不奢望那些根本就不可能得到的或根本就不存在的东西。没有妄想，也就不会有邪念。所以，表面上看来"吃亏是福"以及"知足""安分"会予人以不思进取之嫌，但是，这些思想也是在教导人们要成为对自己有清醒认识的人，做一个清醒正常的人。因为，一个非常明白的事实——即不需要任何理论就可以证明的是，一切的祸患，不都是在于人的"不知足"与"不安分"，或者说是不肯吃亏上吗？

因此，当你在生活中，在人际交往中感觉自己吃了亏的时候，不要去抱怨什么，而要以平静的心态去对待这一切，曰：吃亏是福。

与人交往，迁就一下又何妨

"千里修书只为墙，让他三尺又何妨？万里长城今犹在，不见当年秦始皇。"

傅以渐，清朝的首位状元，曾经做过康熙帝的老师，官拜宰相。幼年时，傅以渐家里很穷，但他身居高位后，并没有因为权势而改变自己的初心。这或许源于他自小培养起了良好的性格和品德。他性格耿直，经常直言进谏，但却从不因自己权势大，就盛气凌人。

康熙时期，傅以渐的家人修缮家庙的时候，因为宅基地的事情,与邻居发生了争执,于是两家人告到官府。地方官知道这座家庙是朝廷重臣傅以渐家的,不敢贸然判案。

而傅以渐的家人则给他写了封信,信中写了事情的来龙去脉,然后让他给地方官施压,判他们赢。

谁知道,傅以渐看完信后,回了一封信给他们,信的内容是这样的:"千里修书只为墙,让他三尺又何妨?万里长城今犹在,不见当年秦始皇。"

家人收到他的信后,马上退避了三尺,并向邻居道了歉。邻居被感动了,也向后退了三尺。

后来,这条六尺宽的巷子被康熙帝赐名为"仁义胡同"。

傅以渐的后人多入仕为官,后来,成为当地的名门望族。

故事中的傅以渐出身贫穷,官拜宰相后,并没有自我膨胀,而是保持着谦和的品格与态度。而他的子孙们,也秉承着家风,终成一代望族。与他人交往,想要维持和谐的关系,就要懂得互相迁就,这样才能让这段关系保持平衡。如果双方中的一方,过度迁就,而另一方却咄咄逼人,那么这段关系终究会分崩离析。

在不违背社会准则和道德的情况下,迁就、忍让一下别人,并不是什么难以做到的事情。通常,能迁就忍让别人的人大多拥有良好的性格。在这种性格的支配下,他们总是能在与人交往中给予他人更多的宽容,从而使他们拥有良好的人脉关系。

其实,人与人的交往,没有那么多门道,无非就是你迁就我一些,我迁就你一些。把眼界放宽些,就能多包容别人一点。眼界放宽了，就不会那么斤斤计较了。

如果每个人都始终坚持自己的观点与做人的原则，觉得别人都是不对的，那人与人之间的关系就会变得非常糟糕。有些人喜欢喊口号，说自己就是性子直，就是要表达自己的观点，这才是真实的人。可是你在坚持自己的同时，是否想过，坚持自我的意义是什么？这些人总是希望别人能迁就自己，却没想过去迁就别人。

你的交往方式变了，那么你的人生也会跟着变化。因此，与人交往的时候，多迁就一下别人，也许你的机会就来了。

张晨换了新工作，并在新公司附近找到一个很不错的房子。确定了主卧窗户大，光线通透后，直性子的张晨立马要跟房东签合同。完事后，付给了房东三个月的租金，然后就兴冲冲地准备搬家了。

搬家那天，他发现，次卧租给了一位画家。他没在意，准备将自己的东西搬进去。

这时，画家走了过来，说道："小伙子，主卧能不能让给我住？我画画，需要很好的光线。可是我来的时候，主卧已经被租出去了。"

张晨不想和他换房间，刚想开口拒绝。这时，他的手机响了，是家里打来的。

"妈，有事吗？我正搬家呢。"张晨说道。

"儿子，你爸今儿出院了。你别担心了。"张妈妈的声音很开心。

"那我就放心了。妈,我先不说了。晚上给你打。"张晨也很开心。

挂了电话,心情好的张晨同意了画家的请求。他想着,迁就一下别人算了,反正也不是什么大事。

几个月后,画家跟张晨说:"我要搬走了,你跟我一起去那里吧。"原来,画家的朋友要移民了,留下了一个房子。朋友让画家住在那里,并拜托他照看房子。于是,张晨就免费住进了四室一厅的大房子。

后来,画家还给张晨介绍了一份很不错的工作,而张晨的生活也变得越来越好了。他从来没有想到,当初的那点迁就,能"换"来这么大的好事。

无论是与家庭成员、同事还是朋友相处,我们都要学会迁就他们。个人做到了包容,家庭关系、同事关系、朋友关系才能和谐,团体才能越来越好。人与人之间做到了迁就,彼此间的很多矛盾也就自然而然地化解了,尤其是与最亲密的人,比如父母、爱人、朋友。

一个人如果都不会迁就别人,那还怎么与别人相处呢?与人相处,首先,要将自己的心沉淀下来,学会包容他人。如果这点都做不到,那如何能拥有前途光明的事业、美满的家庭。即使是最亲密的爱人,也需要讲究宽容之道。

一个善于迁就别人的人,总会在团体中发光。而这种光芒会照耀身边的每一个人,每个人也会被他的这种行为所影响。所谓"一家让,而后一国兴让",就是这个道理。

而迁就之道,其实很简单,就是把自己的心态调整好,多从大的格局出发,不要拘泥于自己的小世界。

难得糊涂

中国自古就有"大智若愚""傻人傻福"一说,其意思也在于在该糊涂的事上糊涂,在不该糊涂的事上是坚决不能糊涂。其实,真正的糊涂并非是不明是非、不辨真理,而是洞察世事,一切大彻大悟后的一种宁静与置之不理,同时也是一种不去计较、从容的生活态度。一个真正懂得糊涂的人在生活中更能站在生活之外观察生活。这样的人大多在性格上拥有极高的修养,不会轻易与人计较得失,所以他们更容易过得快乐。一个人若在为人处世上也"难得糊涂",那他一定会在以下方面受益。

1. 避免矛盾和纷争

生活中有很多自以为精明的人总是喜欢揪别人的辫子,抓别人的缺点,以为这样做就会显示自己比他人高明,实际上这种语言、行为上的丝毫不糊涂却是造成两个人关系疏远、分道扬镳,甚至成为仇敌的根本原因。因此,糊涂一点对于一个人而言没有什么不好,在该糊涂的地方糊涂也是人生至高的一种智慧。

2. 可以使自己心态平和

生活的真谛是心情愉快，但在现实中，似乎我们很难做到，我们的心情总是受到俗事的牵制。心态平和是心情愉快的前提，难得糊涂就可以使一个人心态平和。

如果你是一个眼尖手快的人，你必然会发现一些别人注意不到的东西，如果你一笑置之，不加追究，不久你就会忘掉这些东西，而一旦你觉得自己无法不指出来，非要给他人一个昭示，既弄得他人满心不快活，恐怕你自己的心也难以平静下来。因此，与其让自己陷入其中难以自拔，那远不如糊涂一点，不去追究那么多，让自己活得更加轻松一点。

3. 于己方便

人常说："给人方便，于己方便。"难得糊涂无非就是给人方便。给人方便，人就会对你也方便。两个过于精明的人就像两只正在酣斗的公鸡一样，非要分出个你胜我败来，这于身心健康是没有什么益处的。

如果你是一个处处不糊涂的人，总是圆睁双眼，提高警惕地生活，那你累不累呀？你有没有身心疲惫的时候？你何不像一个大智若愚的人那样难得糊涂一下！

要做到难得糊涂，一个人就应具备宽容的美德。有了宽容心，你完全可以对那些鸡毛蒜皮之类的小事付诸一笑，你完全可以对并不重要的事糊涂一下，你完全可以对无关紧要的事网开一面。

如果你这样做了，你会处于一个快乐的心境之中，正如人们常说的："原谅使人快活。"

像宋代的吕端一样"小事糊涂，大事不糊涂"。要分清什么是大事，什么是小事。像对于贪污腐败、行贿受贿之类的事绝不能糊涂；而对同事把你一盒烟拿了、不小心碰了你一下这种小事完全可以糊涂一下。

别成为一个过于精明的人。过于精明的人常好为人师，指手画脚，求全责备，对人苛刻，眼睛里容不得半点不合意之处。这种性格的人为了显示其精明处，常常是横挑鼻子竖挑眼，从来都不会难得糊涂一下，这种人属于招人厌的那一类。

站在对方的立场上思考问题

每个人有每个人的性格特质，每个人做事的出发点也各不相同，而只要我们能从别人的角度考虑问题，我们就能掌握他人的想法，从而找到打开他人内心的钥匙，办事就会更加容易。而站在对方的立场看问题，就是俗话常说的"将心比心"，心理学上称之为"同理心"。这样做，不但可以满足对方的需求，而且很容易达到目的，使社交成功。

一个人如果完全地随心所欲，一点都不考虑别人的感受的话，那就是"任性"，而不是"个性"。只有当我们真正站在别人的角度,才能知道对方是怎么想的、对方听后的感受是什么,如果连这些都不考虑,只是喋喋不休自己的想法,结果往往适得其反,不仅无法引起别人的共鸣,甚至还会招致对方的反感。

当我们想表达什么的时候,只有有愿意听的人存在,才会完成一次成功的交流。因此,"活得更像自己"的好方法其实是不能只考虑自己,同时也要尊重别人的感受。我们每一个人,自从有了明确的意识后,都习惯从自己的角度出发,以自己的逻辑和喜好去看待问题。如果我们能换个角度看问题,即从对方的立场出发,那就会产生一种奇妙的效果,给对方一种尊重感、归属感,缩短对方与你的心理距离,达到一种心理的共鸣。

站在他人的立场想问题,是一种反向思维,它需要过人的眼光、勇气及大度的胸怀。很多时候,如果我们能及时调整心态,从对方的角度出发,就会变被动为主动,迅速获得理解与认同。

实践证明,善于"投桃"的人,现实总会对他"报李"。站在对方的立场看问题,不是为了表现自己比对方聪明,而是要学会站在对方的角度去思考、研究问题。这时你会发现,你很容易明白他所思所想、所喜所忌,在各种交往中,你也能够从容坦率地应对事情;既可伸出理解的援手,也能防范对方的恶招。一旦知道对方出什么招,大概就胜券在握了。

站在别人的立场上劝说对方时,提供如下几个建议:

(1)先确认劝说到底为了谁。

劝说他人绝不是为了自己的利益,而是完全为了对方着想,如果你能够时时刻刻记着这一点，那么对方肯定也能感受到你的诚意和善意，从而增加了你成功的概率。

（2）事先确认本身的劝说态度。

在劝说他人之前，必须先想好自己对这件事的态度，以及希望自己的劝说能够使对方做出什么样的行动。

（3）设身处地为对方设想。

儒家有一句至理名言："己所不欲，勿施于人。"这其实都是要人们学会站在别人的角度思考问题。

不要推卸责任

从心理学的角度来说，不论一个人拥有怎样的性格，他都会有害怕承担责任，保护自己的利益的本能。所以说人下意识地保护自己的利益，逃避责任，有时候并不一定就说明这个人本性很坏。但是我们要知道机遇和风险总是相伴相随的，所以我们的先人创造了"富贵险中求""当仁不让""知错能改善莫大焉"，善于"吃亏"的哲学。所以，勇于承担自己的过错，并积极改正，才能使自己进步，获得更多的成功。

人对于责任都存在逃避的潜意识。这是一种自我保护的心理倾向，当然程度不尽相同。

例如，当受到上司的批评时，很多人有可能把责任推到别人身上；当被老师批评时，大家会习惯性地拉几个人一起承担，以寻求减轻责罚。也有的人会把责任归咎于周遭环境或者其他非人为因素，这种心理倾向是每个人都有的。甚至倾向过于严重时，人们还会用说谎的方式来保护自己。

如果经常把责任推卸到别人身上的话，慢慢地就会形成一种习惯，而且这样做绝对不利于自我成长。

如果我们长期推卸责任，不愿承担，久而久之会加深这种习惯，随着习惯的累积，我们的潜意识会形成推卸责任的思维方式，于是，采取这种行动也就成了理所当然的事情。最终便形成了一个和原本的自己完全不同的自己。

除此之外，推卸责任虽然可以免于责罚，但是与此同时，我们就等于拒绝了改善自己的机会。犯错是难以避免的，我们应该承认自己的错误而非找借口掩盖。在犯错误之后，我们应努力地改造自己的思想、言行，并以此为契机做更好的自己。

关于个性，我们不妨这样想：一般人在犯了错误时，会为自己辩解推卸。但如果你不但不辩解还直面错误，做出与常人不同的反应，这就体现了个人的个性。

不过，当人突然因犯错受到批评时，难免张口就为自己辩解，这是人之常情，因为每个人都具有这种本能，所以，无须懊恼抑或苛责自己，下次提醒自己尽力做好就行。

当然，这不是说要一味妥协。如果自己真的没有过错的话，一定要坚持自己的想法。

遇事往好的方面看

性格特征正能量满满的人,在生活和工作中遇到事情都会往好的方向去思考。

而生活,说简单也简单,说复杂又复杂。就比如说生活中最可怕的不是糟糕事情的发生,而是我们的思想和性格发生了糟糕的变化。遇到事情胡思乱想只会让自己更加紧张和抑郁,本来简单的事情也会变得棘手难办。踏踏实实做人,简简单单做事,很多烦恼都会迎刃而解。随着生活的越来越顺心,我们的心也会越来越明朗,我们的性格更是越来越开朗,面相也会变得和善真诚。

每个人都会有这样的感觉,别人的缺点很容易被自己发现,而优点却不明显。

我们总是习惯于提前把握对方的缺点,然后用以保护自己,这样或许可以最大限度地防止自己受其所害。但是,在日常交往中,过分关注别人的缺点,而忽略优点会让自己在交往中产生很多精神压力。

每个人都至少会有一两个与众不同的优点。因此,面对每一个人,我们都应该怀着善意去寻找对方身上的优点。

比如,古板而教条的人做事往往严谨,性子慢不着急的人往往好相处。换一个角度看待他人,会发现我们的生活其实充满阳光。所以，希望大家都多视角看待人和事物。

我们不妨试试喜欢上对方，这并不是无稽之谈。英国某大学的研究人员使用能够将脑内活动的部分影像化的仪器对人脑进行了研究，结果显示，当我们喜欢对方时，大脑内的某个部分就会受到压抑，它的活动会变得沉稳下来，这个部分就是头脑中对别人产生负面感情的部分。这样就可以愉快相处，对自身健康也有益处。

不知道大家在上学的时候有没有听过英语老师说这样一句话："尝试着去喜欢上英语听力里面的声音，不管语速快或者慢，读得是否清晰，都试着去喜欢它，这样才能把水平发挥到最好。"对别人怀有好意时，我们的大脑内会发生有趣的变化。而且，当我们喜欢一个人时，就不容易看到他身上的缺点了。

销售人员在培训时，我们经常能听到这样一句话："请喜欢上你的顾客！"因为喜欢上一个人后，就会对对方产生兴趣，于是便可以找到取悦对方的突破口，也会忽略对方身上的缺点，从而与之建立良好的关系。

经常发现他人的优点不仅能让我们和平共处，我们还可以学习、吸收这些优点，成为更好的自己。而且见识了更多的个性之后，我们会获得更加与众不同的个性。

所以，我们要改变自己看待事物的角度和想法。调整自己的心境，多想想这个世界的美丽与和善！

拥有一技之长

在生活中，希望大家都去学习一技之长，并非是非常高端的、高难度的东西，可以是与工作相关的知识，也可以是业余爱好，哪怕是身边触手可及的事物也好，甚至哪怕就是泡不同茶的方法、制作手工酸奶。

只要在自己心中，认为这是"自己比别人都做得出色的一技之长"就好，至于具体是什么并不重要。

我们时时刻刻需要一种自信感，如果我们对于自己喜欢的事物（或工作），通过努力掌握并达到了相当高的境界，就会拥有这种感觉。这样一来，这种感受就会以自信、自我赞美的形式存储到潜意识中，使我们的性格中拥有自信特质，这种性格特质是我们去挑战各种新事物的精神支撑。

活得有个性的人，总是会挺起胸膛充满自信地面对生活，每个人对自己都有评价，人对自己的评价提高了，便会觉得自己是一个有价值的存在，自信、自尊感也会大大提升，不再过分注意别人的评价。

所以，一个人不必多出色，但一定要有一技之长。只要有一技之长，人便可以挺起胸膛、充满自信地生活了。这就会塑造出人的积极性格，使人懂得完善自我，精彩人生。

而活得没有个性的人，做事扭扭捏捏，拖泥带水，他们会用

"我不行啊""太麻烦""太难，我不可能做好"等各种各样的借口麻痹自己，催眠自己，结果只会是能做到的事也做不到了，该拥有的能力没有锻炼出来，更多潜力也无法被激发。可以说，他们过于满足平淡，不愿去尝试和挑战新事物，发掘自我价值。

只有付出才有回报，我们付出努力获得一技之长，也就练就了人格魅力，完善了性格特征。这样我们才能享受更美好的生活。

语言的使用方法

语言，是人们沟通和了解他人的性格的重要手段，在交流中起着不可代替的作用。尽管如此，语言并不能将我们心中所想完全表达出来。而对于"语言的表现力"，很多人都存在误解。

很多人不了解或者说忘记了这一点，对别人说的话会做出过度的反应。实际上，对方所说的话并不一定代表他的真心。

除了语言之外，非语言交流也能够用来判断人和事物。比如，通过表情、动作我们能判断别人的内心活动性格，然而，现代人根据非语言交流读取别人内心的能力越来越差，过度依赖语言交流，认为语言代表了一切，也容易受别人语言的左右。

比如，我们听到别人说不利于自己的话，内心就会受到伤害，甚至当场勃然大怒。其实，完全没有必要。为何我们不把别人的话听完再做结论，分析他内心的真实想法，这就很大程度避免了不必要的误会。

如果你理解了"语言可以有效地表达自己的内心所想，但是，有时却不能完全准确地进行自我表达"，就请更好地学会控制语言、对待语言吧。

语言，并不能完全准确地表达人的内心所想。语言可以说是一种暧昧的存在，人容易受语言的影响、受语言的"伤"。有时，语言甚至可以害人性命，这一点我们一定要牢记。所以，我们必须要提高自己驾驭语言的能力。

我们要善于利用语言，而不要强求语言的表现力。也就是说，语言轻易就可以左右一些冲动的人，所以无论是说还是听，我们在使用语言时，都必须慎重。

具有当事人意识

人生如同故事，重要的并不是有多长，而是有多好。很多时候，不论我们是怎样性格的人，我们都习惯性地把自己从一件事情中脱离出来，更愿意"高高挂起"，但是如果你想要活出自我、拥有个性，"当事人意识"至关重要。

我们常常碰到别人发生争执纠纷，对于这些行为我们不能只是冷眼旁观，最好把自己想象成当事人："如果事情发生在我身上，我会怎么处理？"这样才不至于当事情真的降落到自己头上时，一头雾水不知所措手忙脚乱。

每个人要学会学习，当看到别人巧妙地处理好纠纷时，除了赞叹地说一句"太棒了""了不起"，还要做个"有心人"，学学别人的处理方法。虽然每个人的经历是有限的，但我们从周围的实例中加以学习，也能掌握不少东西。

若不身在其中，何来感同身受。所以我们应该认真观察别人的处理方法，把它当作自己的经验保存起来。

不和别人做比较

先看一个故事：一位老同学，许久没见了，寒暄过后，说起境况不好，工资不高，有时会和别人比一比，很想不通为什么有很多同学都比自己强，心里闷得慌。

问他，为什么要和别人比呢？

他回答说，不和别人比，怎么知道自己哪里不行呢，而且，人又不是自己活着，跟自己比又有什么意思？但心里实在很难受，又无处排遣这份郁闷。

相信周围都有很多这样的朋友。要去比吗？并不是说与人比较一点都不好，事实上比较确实可以使一个人成长，但我们要拒绝盲目比较。

在生活中不难遇到，父母亲朋把自己与别的优秀典范拿来比较,这也成为一种竞争,我们正是靠着这些竞争来慢慢成长。确实,适当的竞争能够促进孩子学业的进步、身体的发育、运动能力的提高。但是,与别人竞争很多时候都与孩子自己的意志无关,而是父母、老师等强加给自己的。没有自己的选择权就盲目去争个高下,是非常不理智的行为,也没有这个必要。

长时间被逼着进行比较就会造成真实感情被压抑。很多孩子为了迎合周围的人都是在扮演好孩子的角色,长此以往,他们会慢慢丢了"自我"和"个性"。

所以,比较要适度,拒绝盲目比较。

世界上没有相同的两片树叶,尺有所短,寸有所长,每个人都是独一无二的。所以,还是做好自己最重要。